悦读弗洛伊德
Le Plaisir: de Lire Freud

【法】J. - D. Nasio 著

张源 译

中国轻工业出版社

图书在版编目（CIP）数据

悦读弗洛伊德／（法）简-大卫·纳索（Juan David Nasio）著；张源译. —北京：中国轻工业出版社，2017.3
ISBN 978-7-5184-1215-0

Ⅰ.①悦… Ⅱ.①简… ②张… Ⅲ.①弗洛伊德（Freud, Sigmmund 1856-1939）－心理学学派 Ⅳ.①B84-065

中国版本图书馆CIP数据核字（2016）第308461号

版权声明

© 1994, 1999, 2001，Editions Payot & Rivages

总 策 划：	石　铁		
策划编辑：	戴　婕	责任终审：	杜文勇
责任编辑：	戴　婕	责任监印：	刘志颖

出版发行：中国轻工业出版社（北京东长安街6号，邮编：100740）
印　　刷：三河市鑫金马印装有限公司
经　　销：各地新华书店
版　　次：2017年3月第1版第1次印刷
开　　本：880×1230　1/32　印张：3.25
字　　数：50千字
书　　号：ISBN 978-7-5184-1215-0　定价：25.00元
著作权合同登记 图字：01-2016-6837
读者服务部邮购热线电话：400-698-1619　010-65125990　传真：010-65181109
发行电话：010-65128898　传真：010-85113293
网　　址：http://www.wqedu.com
电子信箱：1012305542@qq.com
如发现图书残缺请直接与我社读者服务部（邮购）联系调换
161053Y2X101ZYW

译 者 序

这是一本导读书。

作者以弗洛伊德的生平为线索,阐述了弗洛伊德的理论发展与变化方向。因为谈及心理学,不可避免的要谈及精神分析;而谈及精神分析,无论哪个学派,多多少少都必然要涉及弗洛伊德。

但弗洛伊德不是终点,更不是一个绝对值。他是起点。

在弗洛伊德对于精神分析研究的一生中,是他命名了精神分析,也是他创造了那些奠基这个学派理论的概念。在弗洛伊德的一生中,他自始自终都在反复推敲,反复思考。有些理论他最终舍弃,有些理论他又进一步的引申。所以弗洛伊德研究精神分析的过程,绝不是一条直线。

而正如法国著名的儿童精神分析家——弗朗索瓦兹·多尔多(Francoise Dolto)对于后继者的警示:"精神分析不是能教而学之的东西。我们留下的那些概念,只是我们'以为'的那些概念。"

想要按图索骥,想要搞本本主义的刻板照搬,动辄以"弗洛伊德曾经说"、"荣格曾经说"、"阿德勒曾经说"、"拉康曾经说"……自以为看了所谓大师的理论,就认为自己掌握了精神分析、就以为能够解决问题,这种思想是错误的。

精神分析的传承，恰恰在于通过自己的思考与智慧，来参悟那些症状和欲望。

所以，当我们去读弗洛伊德的著作的时候，我们需要明白一件事：看到了弗洛伊德的理论，更要去推敲弗洛伊德当时的思考。

这也正是拉康在组建"巴黎弗洛伊德学校"时的初衷，当拉康振臂一呼，高喊"回到弗洛伊德"的时候，正是呼吁同行们，回到弗洛伊德那样去创造、去批判、去打破框架限制、去开拓的思考。教育——education——一词，其原意正是挖掘人类内心的智慧。

所以我们要读弗洛伊德。

今天，精神分析的领域已经不仅仅限于医生群体和医学专业，它的传播更加广泛，在哲学领域以及西方很多文科院校，都纷纷设置了关于精神分析的专业。而在英语中，doctor一词，不但是学位中的博士，也是医生的意思。在传统西方人的概念中，要成为医生，得先成为博学之人。而弗洛伊德先学习的是医学专业，并且是一名医生。我们今天更熟知他理论中的"俄狄浦斯情结"、"生本能"以及"死本能"，但千万不要忘记，弗洛伊德在那个年代已经先经历了完整的西方医学教育，开创精神分析已经是他成为一名合格的职业医生之后的事情。

而医学专业，包含了更多理科的内容。单凭一个文科哲学家的教育背景，不可能创造出精神分析。当20世纪初的神经学知识已经无法满足对一些患者症状的解释之时，弗洛伊德用智慧的火花点亮了新的前进方向。

弗洛伊德虽然是犹太人，但他并不是一个虔诚的犹太教徒，所以他并没有在疑惑的时候诉诸于神学来解释问题。正因如此，才有了他后来撰写的《图腾与禁忌》《摩西和一神论》。

始于医学，却走出了医学，也没有掉入神学的框架，他能够出离这些限制，迈向新的远方，除了个人智慧，恰恰是因为他先学习并积累了这些知识。另外，如果弗洛伊德不看古希腊戏剧，那如何能发掘出"俄狄浦斯情结"，又如何有后来我们对于语言隐喻的理解？

所以，作者 Nasio 教授，写下这本书的目的正在于：通过弗洛伊德生平的学习特点，来触碰弗洛伊德的思考。当我们拿起一本弗洛伊德的著作阅读之时，并不是在刻板地学习他的理论，而是要看到弗洛伊德如何激发自己的智慧，感受那种发现新大陆的兴奋与狂喜，最终激发自己的思考。

如此，才可称为"悦"读。

张源

2016 年 11 月于西安

前 言

当我阅读弗洛伊德的时候,产生了一种狂喜,那是因为我读明白了,我们作为人类能够朝气蓬勃,是由于那内心深处的隐秘之源,而通过阅读弗洛伊德的著作,正是在试图解释这份力量与疯狂——那疯狂的生殖力量。悦读弗洛伊德,正是基于这段文字之上我们要讨论的内容。

目 录

- 1 · 怎样阅读弗洛伊德? / 1
- 2 · 精神功能的逻辑纲要及示意图 / 5
- 3 · 无意识的定义 / 21
- 4 · 我们行为中性欲的意义 / 31
- 5 · 精神分析对于性欲的概念 / 33
- 6 · 性冲动的三个决定性指征:压抑、升华和幻想。纳西索斯情结的概念 / 41
- 7 · 婴幼儿的性欲期和俄狄浦斯情结期 / 47
- 8 · 男孩俄狄浦斯情结的批注:父亲的基本角色 / 53
- 9 · 生的冲动和死的冲动。对于过去的主动欲望 / 57
- 10 · 精神装置的第二个理论:自我、它我和超我 / 61
- 11 · 精神分析的概念:认同 / 67
- 12 · 移情是制造冲动的行为,移情的被幻想客体是精神分析家的无意识 / 71
- 13 · 西格蒙德·弗洛伊德著作摘要 / 75
- 14 · 弗洛伊德生平传略 / 85

·1·
怎样阅读弗洛伊德？

这本书的目的，是要向诸位介绍弗洛伊德理论的基础。他的著作至今还影响着我们践行精神分析的方式、我们说话的方式，并普遍地存在于我们当代的文化之中。我认为这本书如同一个用于阅读并理解弗洛伊德的工具，主要包括三个部分：弗洛伊德著作的基本概念、一些经挑选引用的文献摘录以及弗洛伊德生平大事的编年史清单。我尤其希望通过将这些篇章呈献给诸位读者，可以激发你们阅读弗洛伊德原著的欲望，并且我坚信，诸位会从中获得快乐。

对于渴望找到向弗洛伊德靠拢的关键钥匙的同学们，作为坚定的临床工作者——请以精神分析的奠基人为榜样——要不断地回顾这些理论根基，本书的存在价值及意义就在于能够抛砖引玉。请回顾一下，在弗洛伊德留下的那些大量文献的基础学说中，他得出了哪些要点？比如他最后写下《精神分析纲要》(*An Outline of Psycho-Analysis*) 时，已经 82 岁了，这期间到底发生了什么？我相信必然有些非同寻常的事情出现。在写下《精神分析纲要》之后，弗洛伊德还创造了许多新的概念。因此，回顾这些作为精神分析的基础理论与资料，往往能令我们在突然之间孕育出新的东西。教学本身就应该是一种探求，"温故而知新，可以为师矣"。

正是因为这个原则，它不断地引导我传播精神分析。我的工作可以归纳为：**对于已经讲过的知识寻求一个更好的讲的方法，这样我们将可能发现新的亮点。**基于这种精神，我写下了这本书。

＊　＊
＊

> 无意识精神进程的接纳、阻抗与压抑这些学说的理解认知，通过考虑性欲和俄狄浦斯情结的方式来处理，这些内容构成了精神分析，此乃原则与理论基础。谁不赞同，谁就算不得精神分析家。
>
> ——西格蒙德·弗洛伊德

一个世纪——这是怎样的一个世纪啊！从弗洛伊德决定在维也纳开诊所的那一天并决定为了奠定精神分析而撰写了第一部著作——《梦的释义》(*The Interpretation of Dreams*)[①]之时——时间已经令他和我们渐行渐远。

一个世纪，这真漫长。对于历史、自然科学还有技术来说，它的确漫长；对于人生也够久了；然而，它对于我们年轻的精神分析，却太短了！我要声明：精神分析并非按照自然科学和社会科学的方式进步，它关心简单的东西，完全简单同时也无

[①] 国内也有译本翻译为《梦的解析》《释梦》。——译者注

限复杂。它关心爱与恨、欲望和法则、痛苦和快乐，还有我们的言语、行为、梦和幻想。精神分析关心的这些既简单又复杂的东西，永远存在于当下。它处理的方式不仅要通过抽象的思考，更在于分析家和分析对象之间持续的相互影响——贯穿着这种具体关系而产生的人类经历。

但是一个世纪啊！何其漫漫。在这100年的过程中，通过精神分析治疗的那些问题被概念化之后，存在不同的观察角度。事实上，这独特的经验在每一次的分析治疗中，强迫并激励精神分析家进步，每一次回馈都无差别地为其实践提供了证据。然而，通过精神分析的基本原则编织出的那恒久不变的线索贯穿着这个世纪，整编着复杂多元的分析进程，并且巩固了理论的精准性。是怎样的线索确保了这样的连续性？哪些要点是弗洛伊德的工作成果？这些基本要点被无数次地批注、总结并反复确认。诸位如何将这些以新的形式传播？今天又该如何讨论弗洛伊德呢？

我的观点是：诸位应该带着这样的问题，通过本书解读弗洛伊德的著作。在我写这本书时，这一点贯穿始终。我那时一直不断地自问，弗洛伊德身上最打动我的是什么？在分析家对分析对象的工作中，在他身上通过自我的方式、对那些理论的反应以及引导我倾听的那些理论和那些欲望，这欲望激发我宣讲传播精神分析，在诸位阅读这些文章的那一刻。弗洛伊德最触动我的，是通过他的著作让我回归自我并且通过活生生的当下工作所进行的交流。我在此并非要和诸位讨论他的理论或我在临床中应用的他的那些方法。我说的不是这个！我要说的是：当我阅读弗洛伊德的时候，他令我着迷。当我想到他，我会想到这是他的力量、他的疯狂、他想要抓住他者内在的那些行为原因的疯狂与生殖的力量，想要发掘出哪个内心之源激发了一个生命体。毋庸置疑，弗洛伊德意志坚定，煽动着探寻理解的欲望；但是天才的他别有建树。弗洛伊德的天资在于，为了抓住那些隐秘的原因。因为那些隐秘的原因激励着生命体，激发了这个他者遭受痛苦，并且我们倾听这些；而首当其冲的，则是通过他者自身的自我发掘出这些原因，重新回到他身上，然后使之重新作用于"他"——通过保留和我们面对的他者的联系——这条道路从我们自身的行为通向它们的原因。天资并非滞留在解开谜语面纱的欲望之中，而是给其自我这个欲望；把我们的自我变成一个装置，能够揭示出分析对象所说的痛苦面纱下原来的装置。"知道"的意志在弗洛伊德身上如此顽强，连接着"激励着其自我到达"，这才是我仰慕他的地方，尽管我不自觉地为诸位提供了大量的概念词汇。弗洛伊德的天资和所有的天才一样，不是被解释，也不是被传播，然而事实上这个天资导致了临床工作者开始去倾听患者。弗洛伊德的天资是一个跳跃。每一次，为了真实地倾听分析对象，都要求分析家通过自身来实施，并给出其自我。

·2·
精神功能的逻辑纲要及示意图

弗洛伊德为我们留下了大量的著作——我们知道，他是一个不知疲倦的工作者——并且他所有的学说都是通过揭示他者痛苦的源发这个欲望，通过对"他自己的自我"这个方式上印记着。对于这些问题：什么让我们兴奋？什么是我们行为的原因？我们的精神生活是如何发挥作用的？毫无疑问就这些问题而言，弗洛伊德的著作是一个伟大的回馈，一个尚未完结的回答。

我只是想要诸位明白，面对精神分析，心理机能的本质正如它证明了其在一个治疗中具体的实际存在是什么。实际上弗洛伊德能够通过一个基础且易懂的纲要使精神活动的概念形式化，这些纲要是在我阅读弗洛伊德的手稿及著作时出现的。随着探求，我更靠近这理论的核心，才明白了他的改变。首先，是复杂性的简化。然后不同的成分呈叠瓦状交错，一些成分存在于另一些成分之中，最后将它们整编成一份报告中的简单图样，以这样的方式来表达。如果我能够成功地令诸位理解这样一个纲要，那么我就基本上完成了我的目标——为诸位介绍弗洛伊德的著作。因为这些纲要被总结为一个令人震惊的缩影，那正是弗洛伊德的文本中共同暗含的逻辑。从1895年出版的《科学心理学大纲》，直到他的最后一本著作——写于1938年的《精神分析纲要》，弗洛伊德不断地再三作着，这些往往是他无意识的、几乎是习惯性的思考，通过多种不同的方式来表达基本相同的纲要。我现在正试图为诸位阐述主要针对基本要点的逻辑纲要。

我恳请诸位读者，当您合上这本小书后，能够认可这样一种体验：随意拿起一本弗洛伊德的著作，脑海中就能够浮现出这份提纲，并且能够带着它进行阅读。您会发现，您将可以非常清晰地理解这些文本从而省去许多功夫。我的追求是：读弗洛伊德，不亦乐乎？能够不亦乐乎地思考并且理解我们的精神机能。

接下来，通过构建这份基本提纲的方式，我将和诸位开始循序渐进地修饰我们的语言，并且我们一起来发展无意识、压抑、性欲及俄狄浦斯情结这些主题以及三个精神的审级①，它们是**自我**、**它我**②和**超我**，还有**认同**③的概念，当然也少不了**分析治疗中的移情**。

*

首先来看我们的基础提纲，它是由什么构成的？为了便于回答，我们采用这样的一个视角来理解。首先我们应该回顾一

---

① 审级：法语原词为 instance，台版书籍中将此词译为"审级"，大陆常见的译法有"机构"、"诉求"等。该词是指动力论与拓扑论的精神装置概念结构中，存在各种不同的次结构，而它我、自我、超我又存在层级关系，超我对之前两个层级关系存在审查与检禁的意义，"审级"可以同时表达这些意义，而"机构"、"诉求"则无法包括这些意义。——译者注
② 弗洛伊德划分人的精神为"本我、自我、超我"，国内拉康学派多翻译为"它我、自我、超我"，用"它我"一词强调人的动物本能性。——译者注
③ 认同，精神分析理论中最常见的词汇之一，指一种心理过程，主体由此拟同他者的一个面向或属性，并以他者为模范，将自我进行全部或部分的改变。经过一系列的认同，人格得以构成与分化。（引自台湾行人出版社出版的《精神分析词汇》第202页。）——译者注

下 19 世纪神经生理学就已经使用的经典概念模型。神经冲动的通路被称为**反射弧**。我还要强调一下：反射弧模型是现代神经学的一个重要基础。

反射弧的神经学图解非常简单且众所周知（图 1）。它包含两个末端：左边的这个是**感觉端**，感觉端在主体感受刺激，即所谓的一定数量的能量 x 注入，例如当它接收到医用锤轻轻地敲击膝部时；右边的这一端是**运动端**，此处通过身体即刻的反应释放受试主体接收到的能量。在我们刚才描述的膝跳反射的例子中，小腿会立刻通过反射做伸直运动的反应。这两端伴随着刺激的出现而形成一个紧张的状态，然后随着运动出现紧张消失并解除。这个弧形态路径的支配原则是如此的清晰明了：接收能量，转化成为动作，并且因此减轻了回路的紧张。

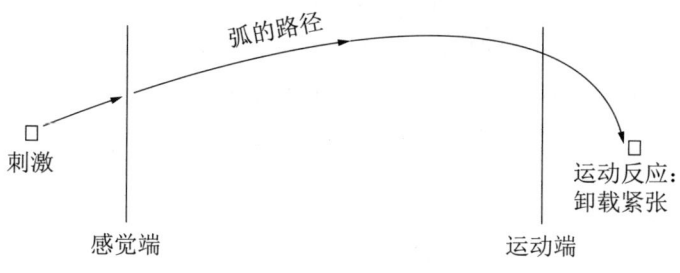

图 1　反射弧示意图

> 我们相信"快乐原则"是，每一次被激发的不快乐紧张都会导向这样一个最终的结果，即伴随着一个不快乐的回避反应或者一个快乐的产生。这两者是同时发生的，都能够降低这个紧张。
>
> ——西格蒙德·弗洛伊德

此刻，我们应用这个相同的反射示意图来描述精神现象的机能。你看，心理机能的普遍运动尝试服从这个原则，这个原则的目的是要卸载整个紧张的压力，却达不到。实际上，在精神活动中，紧张从来没有消失过。只要我们活着，就总是在紧张之中。降低紧张这个原则，我们应该倾向于考虑其正如一种趋势，而不是一种有效的完成，用精神分析的术语则命名为**"不快乐—快乐"原则**。为什么要称其为"不快乐—快乐"？为什么断定精神现象总是在紧张之下？为了回答这些问题，我们重申反射弧的两端，但是这一次需要运用一下想象，其涉及自身的两个精神装置的平台端，被浸润在外在现实这个"池"中。这个装置的边界分开了内在与外在的内容物。

*

现在请看图2。在左边的这个极——感觉端，我们定位出两个精神现象自身的特征：

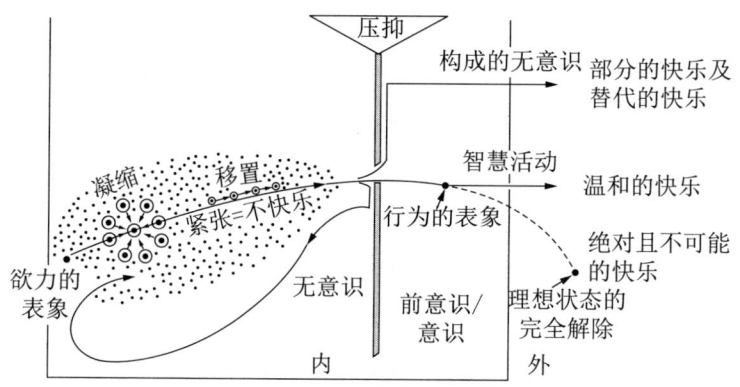

图 2　精神功能应用的反射弧示意图

1. 兴奋总是开始于内部而非外部。关于一个来源于外在的兴奋，例如看到汽车突发交通意外感受到的冲击或者源自器官的兴奋，例如饥饿，兴奋在于精神现象总是停留在内部，因为外部冲击或者内部需求同样创造了一个精神的烙印，如同在封蜡上印的印章。因此，内生兴奋源建立在精神装置的感觉极，这是一个烙印、一个念头、一个印象或者使用这样的术语更加合适：关于代表这个概念的形成就充载着能量，还可以称其为欲力代表①。我要强调一下，在接下来的所有篇章中，我们使用的"代表"和"表象"这两个词并无区别。

---

① *représentant des pulsions*，词中的"欲力"也翻译为"冲动"，弗洛伊德用这个词组来表示冲动；借以作为精神表现的元素或过程。该词有时候还作为"表象—代表"的同义词，有时候则涵义更广，包括情感。（此段解释引用自台湾行人出版社出版的《精神分析辞汇》第440页至445页。）——译者注

2．第二个特征。这个"表象"①，第一次被充载，拥有持续保留兴奋的特点，并且其拥有这样的特点：如同一块永久沸腾的电池，使精神装置保持兴奋；同时也不可能完全消除紧张，紧张会不停地自动补充。

然而，如此一个连续不断的兴奋在这个装置中，面对的是主体痛苦的过去经历造就的一个上升水平的紧张，急迫地呼吁着卸载。精神装置徒然地尝试让这个痛苦难受的紧张流出，永远也不能真正地达成目的，这被弗洛伊德命名为**不快乐**。我们拥有一个确实有效且无法回避的**不快乐**的状态，而另一方面，绝对**快乐**的假设状态在此条件下可能获得的结果是，装置成功地立刻流出所有的能量并移除紧张。我们明确地指出这两个词的意义：不快乐意味着紧张的维持或者增加，而快乐是紧张的移除。然而值得我们注意的是，不快乐且难过的紧张状态同样是与人生息息相关的精神活动，也是生命之火。不快乐和紧张永远等同于生命。

紧张的精神现象从来都没有彻底消失，可以通过这样的方式来表达：在精神现象中，绝对的快乐从来都不存在，因为绝对的卸载负荷从来不曾实现过。但是为什么全部卸载从来没有实现过并且紧张总是如此紧迫呢？有三个原因：第一，诸位已

---

① 表象：représentation，也可译为"代表"，哲学与心理学中的古典词汇，指称"人们所再现之物，形成一思维行为具体内容之物"，以及"特别是一先前知觉的复制"，弗洛伊德将表象对立于情感，此二元素在精神过程中各自承担不同境遇。（此段解释引自台湾行人出版社出版的《精神分析辞汇》第445页。）——译者注

经了解到，兴奋的精神源头能够周而不息是因为紧张永远保持着反应。第二个理由涉及图 2 右边的平台极。精神现象不能像神经系统那样，通过一个即刻的运动反射操作来卸载紧张，它无法这样宣泄紧张。它只能通过一个动作、一个想象、一个想法的暗喻回应紧张，或者一个有或没有的具体的"表象/代表"言语行为有条件地允许整个能量卸载。在这种精神现象中，所有的回答具有不可避免的暗喻性，并且卸载不可避免地具有部分性。我们放在左边的平台极，是欲力的精神"表象"（持续冲动的兴奋），我们置于右边的平台极是一个动作的精神"表象"。同时精神装置保留着对一个不可缩减而顽固的紧张的服从：在入口处，兴奋的涌流是坚韧而极端的；在出口处，它只有回应的拟像①，一个虚拟的回复意味着局部的卸载。精神能量在入门的时候量大，而在出离的时候仿佛已经被蒸馏过了。

　　但是还存在第三个理由，是最令我们感兴趣也最重要的，它解释了为什么精神现象总是在紧张之下。这个决定性的干预因素正是弗洛伊德命名的**压抑**。在解释什么是压抑之前，我应该详细说明一下"兴奋—表象"（左边平台极）和"行为—表象"（右边平台极），它俩展开的网络具有其他大量的表象，它们编织起来形成我们的精神装置。能量涌入并且从左到右流通，从兴奋到卸载，都必须穿过这中间的网。尽管如此，对于穿过网络的所有表象，能量没有采取相同的流通方式。

---

① *simulacre*，意思为幌子、外表、模拟的事物、假装的动作。此处所说的"拟像"，取自 20 世纪 70 年代鲍德里亚的"拟像—拟真"逻辑。他认定我们今天这个世界的基础不再是一种现实存在，而是建立在多重拟像之上。这与拉康所说的"不可能的存在之真"相契合。——译者注

如果我们要勾画出这个压抑，那么它就如同一道垂直的屏障，把我们的示意图分成两个部分：一些"表象"，被重新集合起来，立于屏障左边，成为一个多数群体，能量非常充沛并且用这样的方式自行连接——建立最短并最快的通路以卸载负荷。有时候，它们串成一束，用这种方式汇聚所有的能量成为独一的表象（凝缩）；另一些时候，它们彼此连接，一个接一个地释放，以让能量更容易流出（移置）①。

网状系统的某些其他表象——我们重新集结在屏障右边更加受限制的那个群体——同样充满了能量并且也寻找着释放自己的机会，但是通过缓慢地卸载负荷而被掌控。对于第一个群体中的多数表象，最后还是被反对快速有意地卸载负荷。在这两个群体中出现了一个冲突：一群在左，想要立刻卸载全部负荷而得到快乐——快乐在这里是至高无上的；而另一群在右，它反对这种疯狂，提醒着现实的苛求并且促使其节制——现实在这里是至高无上的。当这个原则掌管多数表象构建的第一个群体时，它被命名为**不快乐—快乐原则**，而那些掌管着少数表象的第二个群体则被命名为**现实原则**。

第一个群体构建的是**无意识系统**，其任务是最快地流出紧

---

① 这个观点为能量运动的"节约经济性"，可以表达为一种符号学观点：根据"能量"投资一个表象，这个表象就是关于"表象"的语言涵义与发音之间符号的相互关系。就是说一个表象是通过能量来充电的，也即一个表象是"能指"，承载着语言符号的发音和涵义的相互关系。因此这个能量充电机制是一种修辞学的换喻。这表示一个单独的表象汇聚了许多语言符号的涵义和发音；而移情机制作为一种暗喻的修辞形态，那些相关的诸多表象则将其连续地一个挨一个归结起来，这些都是语言符号的涵义和发音。另外请注意，对于拉康而言，这一段报告是反过来的：凝缩与暗喻相符；而移置与换喻相符。

张，这是为了试图卸载整个暗含的负荷，是为绝对的快乐。这个系统有以下几个特点：它只由一大群欲力表象构成，弗洛伊德将其命名为"无意识表象"。这些表象，也被称为"事物的表象"，因为它们通过事物的印象（听觉的、视觉的、触觉的）或印刻在无意识中的事物的碎片构成。事物的表象主要源于自然的视觉，并且提供了一种方法加工成梦并制造出某些幻想。我们补充的这些记忆中事物的印象和痕迹，只是在有条件被能量投资时，才被命名为"表象"。同时，一个精神表象是一个印象痕迹（事物的片段或实存的事物两者留下的痕迹）和复苏这个痕迹的能量两者的连词。

事物的无意识表象并不遵守那些理由、现实或者时间的限制——无意识没有寿命。它只对一个单一的苛求做出回应：瞬间中寻找绝对的快乐。为此，无意识系统往往会开启凝缩和移置机制，以有助于快速流动循环能量的通路。能量被说成是自由的，因为在无意识网状结构中，它所有的运动性循环都伴随着极短暂的桎梏。

第二个表象的群体同样构建了一个系统，即**意识—前意识系统**。这个群体也在寻找快乐，但是不同于无意识系统，它的使命是重新分配能量——**相关联的**能量——并让它们缓慢地流出往往是现实原则的那些征象。

这个能量被称为"相关联的"，是因为它特定地投资了一个无意识表象。这种情况的能量意味着，非凡的智慧活动在长期坚持作用。这个网络结构的那些表象被命名为"前意识的表象和意识的表象"。这些首先是词语的表象；这些表象恢复了言词的不同角度，如在宣讲出来之时的听觉印象，或者以书写形态出现的字体，当这些词语被看到的时候，成为图示的印象。关于意识的这些表象，每一个都由一个事物表象构成，而这个事物表象绑定着一个言词的表象，用以指代这个事物。一个词语的听觉表象，例如"苹果"（法语为 pomme），结合了这个事物（水果苹果）的视觉表象从而给出了一个名字，标注着其特定的质量，并回归意识。的确如此！事物的表象存在于无意识——如我们刚才所说的——如果没有词语的表象配合并意味着这个事物；而它如果存在于意识中则相反，一个词语的表象就依附于此。如果没有任何一个词语能表明这个事物，那么"苹果"的印象可能在无意识中飘忽不定，但若是一个词语足以对"苹果"这个物品进行描述，那么这个出现的词语就令我们对这个水果拥有了一个意识中的概念。如果不是意识被框定、固定好、被赋予的概念，那它又能是什么呢？

由此，我们强调：两个系统寻求卸载负荷，即所谓快乐；但是第一个系统专注于绝对的快乐而没有获得；如同我们所见，部分的快乐归属于第二个系统，它力求获得一个温和的快乐。

*

现在，我们可以自问：什么是压抑？就是说分开这两个群体的垂直屏障是什么？在这些可能的定义之中，我提出这样的参考建议：压抑使得能量变稠、密度增加，是一个能量的防水层，它阻挡了无意识内容通向前意识的途径。然而这个屏障并非不会犯错：某些无意识内容和被压抑的内容通过它到达了彼岸，制造了猛烈的洪流，成为意识之中伪装的形态，并且我们可以惊奇地发现，主体竟然不能鉴别这些无意识的由来。尽管它们出现在意识中，但是对于伴随着这种焦虑生活的主体保留了不可理解性。比方说一位年轻女性看到可怕的昆虫时会焦虑，而不知道令她害怕的蜘蛛是被她欲求的父亲——变形后的替代品，例如父亲多毛的双手。无意识表象以及对父亲乱伦的爱欲已经穿透了这个压抑屏障，通过伪装变成意识表象，即对蜘蛛的恐惧。

这些无意识的变形式表露当然成功地卸载了部分冲动能量，卸载使得我们获得一个**部分的**、**替代性的**快乐，通过假定彻底完全的卸载而获得完全而即刻的满足所追求的理想。冲动能量的另一部分——没有穿过压抑的那一部分，闭塞地保留在无意识中并且不断地回馈补给成为痛苦的紧张。要注意，这个快乐应该被理解为负荷的卸载，甚至这个卸载作为一个痛苦或焦虑的形态，例如刚才描述的害怕蜘蛛的例子。

我们之前说精神装置有这样的功能：降低紧张并且激发能量负荷的卸载。现在我们明白内生的刺激是连续不断的，回复总是不完整的，压抑增加了紧张并且迫使去寻找间接而拐弯抹角的表达，从而能够为了谋取快乐而卸载负荷，下面是一些总结：

- 一个**即刻且彻底的负荷卸载**，完完全全是**假设**，如果能有一席之地，则会激发一个绝对的快乐。大量的卸载负荷是在模仿一个身体运动作为回应，从而卸载紧张①。然而，当靠近性欲这个主题的时候，我们看到这个绝对快乐极其理想化的假设仍属于性欲冲动无

---

① 例如膝跳反射。——译者注

法触及的目标。

- 一个**间接而受控制的**负荷卸载，经过了智慧活动（思考、记忆、判断、注意力，等等），从而谋得一个温和的快乐。
- 最后，获取一个**间接而部分的**负荷卸载，是当无意识内容和能量穿过压抑的屏障时获得。这个负荷卸载产生了部分的快乐和替代的快乐，这也是固有的无意识形态。

这三类快乐——绝对的、温和的还有部分的，都呈现在了图 2 中。

*

但是在回顾并总结精神功能的纲要之前，我们得着手说明一些重要的细节。一方面要详述关于"快乐"一词的涵义，另外一方面要详述压抑的功能。关于快乐，我们应该察觉的是，**部分的**且**替代性的**满足附属于无意识的形态（第三类的负荷卸载），并没有必要通过主体去感受一个快乐的惬意感觉。实际上，这个满足是自相矛盾的过去经历，如同一个不快乐，甚至如同忍受一个痛苦，主体被神经症症状或某些情感冲突折磨。但是为什么利用快乐这个术语来修饰意识中的一个冲动体现的痛苦特征呢？我们刚才给出了害怕蜘蛛的例子，从无意识这一点来考虑是快乐的，因为它减轻了乱伦冲突难以容忍的紧张；而从意识这一点考虑，则是痛苦难受的焦虑。弗洛伊德奠定了这个基本概念，快乐是对于领会"降低紧张"的经济性的感受。这个无意识系统通过一个部分的负荷卸载，寻找舒缓紧张的快乐；同时，在一个制造痛苦的症状面前，我们应该认清患者经受的**痛苦**以及无意识下未觉察到的**快乐**。

现在来讲讲压抑这个角色，它往往引发的问题是：为什么要存在压抑？为什么自我要对抗冲动的煽动，只是要求对自己满足并释放同样的不快乐的紧张吗？这不快乐的紧张是被掌控在无意识中吗？为什么要阻拦无意识推动解放出的负荷卸载？为什么要阻止难受的紧张进行缓解？压抑的最终目的是什么？压抑在客观上是为了避免惹来过分的危险，这危险正是冲动苛求着自我要直接获得全部满足。因此，冲动推出的即刻而整个的满足因其过分出格而毁灭，这才使得精神装置平衡。一般而言，存在两种冲动的满足：一个是假设的整体冲动满足，即自我将其理想化为一个绝对的快乐，但是自我也在避免它——多亏了压抑——如同一个剩余的破坏者①；另一个满足是一个部分而适中的满足，它防止了伤害，于是自我容忍了它。

*

现在我们可以用语言来总结一个逻辑性的图示，这个图示贯穿并暗含着弗洛伊德的著作并且为无意识下了定义。请看图 3，

---

① 这个论题将绝对快乐视为危险，但这个论题弗洛伊德从未明确提出。自弗洛伊德学派主张以来，我们已经将压抑发展了，拉康学派概念中的"享乐"为我们指明了方向。在这个主题上，请参照《歇斯底里症：精神分析的卓越之子》以及《雅克·拉康精神分析理论五讲》。

我们可以问个问题：精神现象是如何运转的？

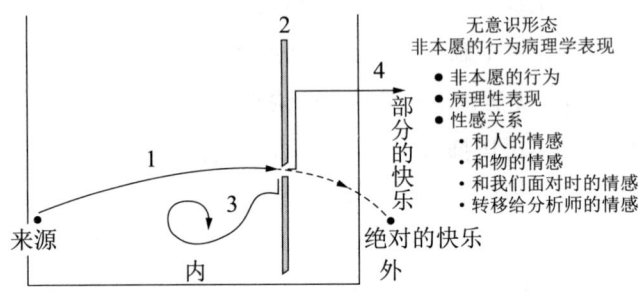

图3 精神机能的四个时间段的纲要示意图

1. 能量连续不断地向绝对的快乐做运动。
2. 压抑屏障反对能量做运动。
3. 能量没能穿过压抑屏障并再次发动新的刺激。
4. 能量穿过压抑屏障并通过部分快乐的方式释放，这也是内在固有的无意识形态。

精神功能的逻辑性基本要点，从能量循环的角度来考虑，可以总结为下面四个时段：

> 第1时段：来源于连续的兴奋以及能量的运动寻找到一个永远不能达到的完全的负荷卸载；第2时段：压抑屏障对抗能量的运动；第3时段：部分能量没能越过屏障，保留闭塞在无意识中，并且再度激活兴奋源；第4时段：部分能量越过压抑这个屏障，通过部分快乐这个形态显露出来，这个部分快乐仍然固有着无意识的形态。

四个时段如下所示：无意识坚定的推动、对抗的障碍物、保留的能量和通过的能量。好啦，这就是我想要给诸位的纲要，同时也是要求诸位开始尝试阅读弗洛伊德文献时对照索引的示意图。诸位也许将观察到，弗洛伊德是如何依据这个四个时段的基本的逻辑来推理的：谁推动，谁阻止，谁保留，谁通过。①

---

① 划分四个时段描述的这个逻辑已经被我们广泛而良好地应用于思考拉康学派的概念：客体小 a 和享乐。请参阅《雅克·拉康精神分析理论五讲》。

·3·
无意识的定义

现在，通过弗洛伊德建立的不同视角，用一些特殊的词汇来描述无意识示意图的两端：兴奋源（**第1时段**）和无意识的外型态（**第4时段**）。根据弗洛伊德定义无意识的那些观察研究和术语，这些端每一个都产生了不同的名字。我恳请读者用这四个时段示意图（图3）的观点来理解我们对于无意识的不同定义。

□ 从描述的角度定义无意识。当我们面对外在的无意识，即所谓从一个观察者的角度去看待无意识，例如我个人对于自身的无意识体现或者他者无意识的表现，我们仅仅能感知到一些派生[①]。无意识，保留了假设，如同一个晦涩而不可知的进程并且隐藏在这些表现之下。例如一个主体出现了语误[②]，我们立刻得出结论："他的无意识说话了。"但是，作为这个动作进程的依据，我们对此并没有任何解释；无意识仍然滞留在我

[①] 派生，即衍生物，指无意识诱导的一些表现，表现方式如下文所述。——译者注
[②] 语误，即不经意地说出与自己所想内容不符的话，这是弗洛伊德分析无意识的一个重要行为依据。而拉康从语言学和拓扑学上对此进行了进一步的发展和引申。——译者注

们的未知中。

　　当出现这种情况时，如何定位无意识的那些表现呢？人类所实施的那些表达和行为举止产生了无穷无尽的变化，哪些才能被辨识出是无意识的表现？什么时候我们才可以确认这里有无意识？那些无意识的形态，表现为某些动作、语言或者出乎意料的印象，突然地浮现并且超出了我们的意图，也超出了我们所知的意识。这些动作可能是寻常的行为举止，例如过失行为[①]、某些遗忘、梦或者突然出现这样或那样的念头，甚至即兴创作的一首诗或一个抽象概念，抑或还有一些病理性表现所导致的痛苦，比如一些神经症症状或精神病症状。但是无论它们是正常的还是病态的，对于精神分析家和主体的意识来说，无意识的派生总是盘踞在那些出人意料像谜一样的动作中。自这些可观察到的派生开始，我们假设有一个晦涩且主动的无意识进程，因为它的存在，从而作用于我们，但对此我们并不知道。当我们在一个现象面前面对无意识时，这个现象独立地在我们身上完成了它的进程并作出决定，而这即为我们的存在。我们公设[②]无意识存在，一个无意识动作的出现不仅如同这个进程造成了行为，更如同一个精神现象的本质，这就是精神现象的特点。意识只是一个附加的表面现象，一个来自无意识精神现象进程的继发结果。弗洛伊德告诉我们："在无意识中应该看到一切精神活动的根本。无意识好比是一个大圆圈，在它的包围内，

---

① 过失行为：专业术语，指不受意识控制而导致的某些行为或缺失的某些行为。——译者注
② 公设：哲学术语，用于表明某学科中不需要加以证明却必须承认的命题或陈述，也称为"不证自明"的命题或"公理"。——译者注

意识如同一个更小的圆圈……。无意识正是精神自身，又是精神的现实基础。"①

□ **从系统的角度看待无意识的定义**。通过"表象"的网络结构，我们已经定义了无意识正如一个系统。根据这种观察而得到如下观点，兴奋源叫做**事物的表象**，并且那些最终产物是**无意识的变形体现**。梦正是最好的范例。

□ **从动态的角度来看待无意识的定义**。压抑的概念。

> 压抑理论是精神分析这座大厦的中流砥柱。
>
> ——西格蒙德·弗洛伊德

如果我们从动态的角度来定义无意识，就是说，要从推动它的运动和压抑它的抵抗这两者之间斗争的角度来看待。兴奋源名为**被压抑的表象**，并且这些最终产物，是那些摆脱了无意识和压抑动作，经过伪装而逃脱的产物。② 这些被压抑而掩饰的派生物叫做**被压抑物的复返**、**被压抑物的派生**或者**无意识的派生**。由于无意识朝气蓬勃的推动，尽管存在着压抑这个防渗透

---

① 摘自西格蒙德·弗洛伊德的著作《梦的释义》。——译者注
② 表象和压抑，弗洛伊德学派的概念中的一部分来源于19世纪德国的哲学家、应用心理学家约翰·弗里德里希·赫尔巴特的著作。他的著作没有法语版，不过可以通过一本解读版——马塞尔（Marcel Mauxion）早期所著的《赫尔巴特的形而上学及康德的批判》来领会其中的内容。

层膜,但这些派生还是通过乔装诞生在了意识表面。最常见的来自被压抑物的变形派生例证,就是神经症的那些症状。我想到这样一个分析对象,他正握着汽车方向盘开车,突然一幕场景重复地袭上心头——他觉得自己会蓄意撞向一个正穿过马路的老太太。这个固定而重复的念头给他造成了痛苦并且妨碍他使用自己的交通工具。而在分析过程中,揭示出这意识的派生物是他对母亲的乱伦爱欲和无意识的掩饰。无意识表象"乱伦之爱"已经穿越了压抑屏障并且改造成为对立面,即通过一个正在穿过马路的老太太在现实中具象化为母亲,对其存在谋杀冲动的念头。

请注意这些无意识的被压抑物在意识中的出现。这些被压抑物的伪装的复返可能同样构想了在冲突中——反对被压抑物推向意识并抵抗着压抑——折衷的方法,这个冲突对抗指向了意识中的那些压抑的推动力并且耐受着压抑。"折衷的解决之道"意味着被压抑物的复返是一个混合的构成,包括一部分通过压抑屏障的无意识的被压抑物,以及一部分用来伪装的意识成分。另外,已经通过的那些无意识的被压抑物的复返是一个被压抑意识的伪装,然而它伪装得并不完整。在上述的例子中,受害人的形象通过一个老太太而具象化,在这个上了年纪的女人的轮廓下,隐约表达出母亲被压抑的外形。在压抑的回路中,在被压抑物的

复返中，通过一幅插画——弗洛伊德评论费里西恩·洛普斯的著名雕版画《苦行僧的恐惧》时推荐给我们的——可以观察到这些被压抑物的迹象。① 艺术家描绘了一个苦行僧，为了驱逐肉欲的诱惑（被压抑物），躲在了十字架脚下（压抑），却看到一个裸体女人被钉在十字架上（被压抑物的复返），取代了耶稣基督的恐怖映像。在这里，被压抑物的复返是一个介于裸体女人（可视的那一部分被压抑物）和他所经受的十字架（压抑）之间的折衷。

此外要补充的是，这些无意识的派生一旦到达了意识，就会承受着一个压抑新的反击，从而再次退回无意识中（**可以说是继发的压抑或者事后的压抑**）。这里则看到压抑屏障灵活的介入，不仅能够阻止来源于无意识成分的全部通路，更能够一个接一个地督促检查这些瞬间的早已被冲向屏障的游离成分。

还有一个词可以用来解释压抑的定义。我们已经发展到了更加前沿的高度，犹如能量的防水屏障阻止了那些无意识内容物通往前意识的路径。② 事实上，弗洛伊德从来没有放弃考虑压抑如同一个能量活动的复杂游戏。一部分命中注定的游戏是在

---

① 费里西恩·洛普斯：Félicien Rops, 1833—1896, 比利时著名艺术家，擅长油画、雕版画、蚀刻画等。——译者注
② 这些通往并穿过压抑屏障的"被压抑物的成分"能够作为它配备的能量充载的表象，或者只是有益于（这是弗洛伊德特别赋予的）充载，得出表象。我们将进一步仔细地研究第一个可能发生的情况，是那些因充能而受到投资的表象在意识中的通路。对于第二个可能发生的情况，单独充能的那些通路，弗洛伊德朦约地预感到四种可能的命运：整体保留被压抑；穿过压抑屏障并自行减轻了恐惧性的焦虑；穿过屏障并在癔病之中自行转变成为躯体性障碍；或者穿过屏障并自行转化为强迫观念中的道德焦虑。

无意识的围墙中包含并固着①的那些被压抑表象中，另一部分则是重新被带回在无意识中现时的表象，这些表象之前已经挫败了压抑的警惕，到达了前意识或者意识。同时弗洛伊德区分了两种压抑：一个是**原初压抑**②，其包含并固着了这些被压抑的表象存在于无意识的土壤，而**继发的压抑**则压抑了——削弱了字面上的意义——在无意识系统中前意识的派生或者压抑的意识。

原初压抑，是最简单原始的，不仅是被压抑物的表象固着在无意识的土壤，更是一个前意识和意识对于来自无意识自由的能量冲击而建立的能量隔墙。这个隔墙被称为"反投资"③，说的是"前意识—意识系统"反对着无意识冲击的投资意图。

---

① 固着：动词 *fixer*，名词 *fixation*，指紧附于某些任务或者某些依玛构（Imago）之上的力比多，复制某一种满足模式，并且依旧以其演化之某一阶段特有的结构去组织。固着可以是明显的、现时的或构成为主体开启退转之路的一种优势潜在性。一般而言，固着的概念在一个与力比多循序进展有关的发生论概念架构下被理解。"依玛构"是指人物的无意识原型，它会选择性地左右主体认知他人的方式，其塑造、建立在与家庭周围亲近的人之间，是最早的、真实的及想象的相互主体关系之上。（请参考台湾行人出版社出版的《精神分析辞汇》第171页。）——译者注

② 原初压抑：*refoulement originaire*，*refoulement primaire*，弗洛伊德描述为压抑作业之第一阶段的假设过程。其效应为一定数量无意识表象或"原初压抑物"的形成。如此构成的无意识核心，随后借由其对于应被压抑的内容的吸引，汇合来自高等审级的排斥力，与严格意义的压抑共同合作。（请参考台湾行人出版社出版的《精神分析辞汇》第427页。）——译者注

③ 反投资：*contre-investissement*，与压抑紧密联系，并必然与自我防御结构的维持和症状稳定性的心理过程相联系。反向投资是利用（经由撤回投资而被自由归还的）能量来维持无意识的欲望处在被压抑的状态。它可能针对一个对象（该对象可能导致一种替代形成，例如在恐怖症的情况下）、一个表象或一个与无意识欲望相反的意识态度（反应形成）。*formation reactionnelle*，国内通常译作"反向形成"，直译为"反应形成"，在弗洛伊德那里指的是形成与被压抑的无意识欲望相反的行为反应。——精神分析家李新雨先生注

第二个压抑的模式，其目标是把它原发之地的派生物送回，这也是一个能量活动，但是更加复杂。其要点则可以归纳为所有接下来的操作围绕着意识的派生物或被压抑物的前意识为中心：

● 首先，撤销相关能量的充载，通过在前意识或意识中逗留的派生而后天获得。

● 一旦被减少充载并且看到它先前的再度活化的无意识的充载，衰弱的派生就被吸引，如同被磁化一般，在无意识系统中经由原初压抑的那些其他被固着的表象来吸引。短暂的派生就这样回到了无意识老家。

□ **从经济的角度来定义无意识**。如果此刻从经济的角度定义无意识，在那个我们已经用以发展我们的精神功能的示意图中，兴奋之源被称为**欲力代表**[①]，无意识的最终产物正是**幻想**；或者更加准确地说：通过幻想支撑了那些情感性的行为举止以及自发爱恋的选择。过一会儿我将解释这些幻想的自然本质，但是在我们的示意图中，关于它们的定位我应该事先提供一个详细的说明，这个说明引发继之而来的问题。幻想可能不仅仅出现在意识和每天的行为举止中——如我们之前所说的——这些形态包括某些与自发情感联系的相关现象，尤其是白日梦[②]

[①] 欲力代表也可翻译为冲动的表象。——译者注
[②] 弗洛伊德以此指称一种在清醒状态下所想象的剧情，因此强调此种梦想与梦两者间之类似性。如同夜梦，白日梦亦构成欲望现实；它们的形成机制相同，均具有次加工之主导性。（请参考台湾行人出版社出版的《精神分析辞汇》第457页。）——译者注

和谐妄；它们也可能通过被压抑与埋没，从而保留在无意识中；它们还可能扮演自我防御的角色，对抗无意识的冲击。这就是说，幻想可能同时扮演的角色是被压抑物的派生、被压抑的无意识内容物甚至是一个压抑性的防御。在我们的纲要示意图中，将幻想定位在压抑屏障内这边（第1时段），也在屏障这一层上（第2时段），还跨过了屏障（第4时段）。

□ **从伦理学的角度看待无意识的定义**。是的，我们终于要从伦理学的角度定义无意识了。我们将其命名为欲望。欲望是什么？欲望，是从性欲的角度即所谓从性快感的角度，来考虑无意识。回顾之前的关于欲望、性欲以及性快感的相关内容，我们应该更进一步发展出一个让诸位可以明白无意识伦理学身份的首要定义。所谓的欲望到底是什么？它是一个冲动，却并非我们意识中的冲动，而是在一个乱伦关系中，为了要捕获理想目标而获得绝对完全的快乐。欲望，是无意识对乱伦的寻求。我坚持认为这个乱伦是一个理想目标，它是虚构出来的，并且和那些被法律所禁止、有可能发生在某些家庭中的病态乱伦没有任何关系。它们不是一回事！我们所说的乱伦恰恰相反，是人类普遍欲望的终极目标。就算在精神分析面前，也要知道人类社会的构成围绕着乱伦禁忌①，但是伴随着精神分析的发展，我们也明白乱伦禁忌是乱伦的无意识欲望不可分割的另一面。这里我想要传达给诸位的是：从无意识的角度来看，乱伦是一个最为之渴望的东西，一个至上的、至尊的"好"价值，其指导了方向并决定我们每个人作为欲望主体的生活。总之，无意

---

① 请参阅弗洛伊德的著作《图腾与禁忌》。——译者注

识的伦理学身份可以归纳为这样一个事实，即一个通过至尊的"好"而驱动的欲望，此时为乱伦的享乐。

*

在通过多维度提纲展示了精神装置的功能后，我建议诸位对无意识有一个描述的、系统的、动态的、经济的且伦理的观察。但是如果我们不用时间线索去登录这个功能或不插入他人的领域的话，那么所有的研究方式都是不够的。有两个因素围绕着精神生活：时间和那些他者（图4）。首先是时间，因为在主体的整个历程之中，精神功能不停地自行更新，这一点与时间相符。无意识在时间之外，即所谓终生处于既往历程的时间之中。如果尝试制造沉默，它将马上重生，重新萌发出新的表现。同时，在某些年龄，无意识在它的那些产物中仍然是一个无穷无尽而无法主动束缚的进程。无论是活了两天还是83岁，弗洛伊德都坚持不懈地在它的冲击之中，总是让自己做到倾听。[1]

---

[1] 无意识的兴奋活动→卸载负荷也可以被理解为一个无意识方向，这个方向就是当一个大彼者跟我们说话而令我们突然惊讶之时，所听到的无意识。雅克·拉康用一个著名的格式很好地总结了这个特殊性："它我讲话了。"

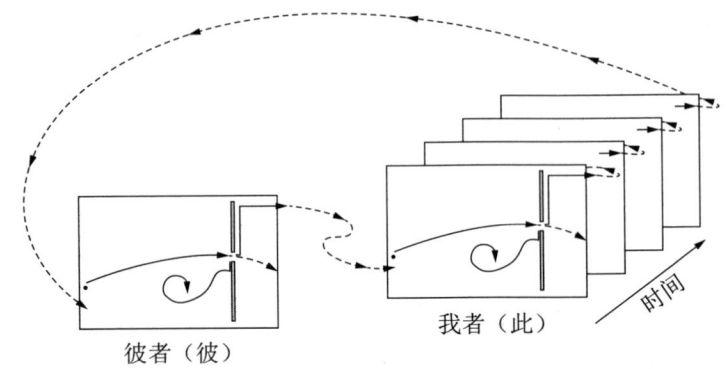

图 4　彼者的无意识产物激发我者的无意识之源。
而我者自身的产物激发彼者的无意识之源。

但是我们还应该明白精神活动潜伏在他人的世界之中——那些通过我们的语言、幻想、情感使我们依恋的他人的世界。我们的精神现象必须持久地需求着与我们有关系的他者的精神现象，同时我们也被他者的欲望冲击着，他者使我们处于其欲望的客体。正如图 4 中第 4 时段的箭头，他者的精神装置刺激了我们自身装置的兴奋源；反之亦然，我们的产物成为了刺激他者表达方式和措辞的兴奋源。事实上，这只是一个欲望独有的流程，它流通并连接着欲求关系双方。①

---

① 这里可以使用我以前写的论文中的能量术语来重新发掘——在分析关系的深处，独特的无意识的深处，连结并且笼罩在分析双方身上的伙伴关系。这不是关于分析家与分析对象的无意识，而是单独而独特的无意识，在就诊中产生移情的那一刻。这篇论文的日期注明是写于 1977 年，收录在我的《劳拉的眼睛。移情，客体小 a 和拉康理论中的拓扑学》这本书中。此书已经做了进一步延伸。

·4·
我们行为中性欲的意义

我们现在要总结一下精神分析的基础前提。我们非本愿的行为从我们身上表现出来，不仅仅通过无意识进程来决定，更拥有一种意义。它们申明了另一件事，即首先表达了什么。在弗洛伊德以前，这些过失行为被视为无关轻重、无关痛痒的，而今天却找到了一个意义作为引导方向，这已经成为了一个普遍的反应。口误便符合此刻的心意，尽管有时候惭愧得脸红，通过察觉那面纱下的意义，揭发出一个晦涩的欲望。

但是这个意义是什么呢？是非本愿行为的一个怎样的意义？一个非本愿行为的涵义，在行动中作为一个绝对理想化、也绝对不可能的行为的替代品。这些绝对的理想化、绝对不可能的行为虽然被制造出来，却没有落脚点，只能依靠替代品来表达。例如，当精神分析家解释并揭开一个梦隐藏的涵义时，展示出梦作为一个自发行为且是另一个并非当天的行为的替代品之时，它"是"什么？是作为**不曾被实施的那些行为**的**替代品**。再进一步来讲，一个自发行为是隐含着一个意义的事件。但是怎样做才能揭示这个隐藏的意义？那应该是分析家或者分析对象将上述事件和之前发生的其他事件相连接；那是登录在既往史中，并将其看作一个过去不可能完成甚至不存在，且在时间中难以界定的某个事件的现行替代品。这恰好是既往史给现行事件授予的身份，即一个意义的承载行为的身份。详细解释就是虽然这个从现行到从前的所指对象的价值仅在于作为人类的深度伙伴关系：分析对象跟另一个人说话，这个人就是分析家。在既往史中，分析家倾听并记录这些言语。

现在我们对意义提出了一些问题。这个意义是什么？这在语言上表示今天到过去所有的事件，甚至超越过去、逆回时间轴之初的事件，表示那个没有一席之地却被假设出来的最初的事件[①]。事实上，我们无意识地实施行为的意义，奠定了这个行为替代我们既往史中过去的所有行为，或者在必要时替代了我们既往史起源的所有最初的理想行为。确切来说这个理想行为可能是假设的，不仅仅如同我们既往史中最远的一点，更如同今后最远的一点。在过去中最久远的从前，或是未来中最遥远的等待，理想事件构成了未完成的行为，而我们的这些非本愿的行为都是替代品。

我们非本愿的行为，是通过对一个未实施的理想替代物产生的意义。但是如何定性这个意义呢？我们行为中这隐藏意义的内容物到底是什么？对于这个问题的回答组成了精神分析中最伟大的发现。此为何意？我们的过失行为的涵义是一个性的

---

① 译者认为，作者这里是在借用数学的概念来说明，因为这在数学上很容易表现。比如我们画一个射线，起点是时间轴的最初，而射线延伸代表时间的流逝，这个射线上任何一个"时间点"都可能存在某些"事件"。根据欧几里得《几何原本》："直线是它上面的点一样的平放着的线"，这个射线时间轴图样上，起点如果用实点来描述，这个最初点就是存在的；如果用一个空心小圈来描述，这个最初的点就是不存在的，即"在线上没有位置"的假设的点，用拉康学派的话说就是：这个点用它的"缺席"来表示它的"在场"，也即作者说的"假设的最初的事件"。——译者注

涵义。为什么是性？我们应该参照图 6（见 37 页）并且看明白哪一种自然是冲动倾向的源泉，以及哪一种自然是憧憬倾向的理想目标，我想要说这个理想且不可能的动作毫无立锥之地，而我们的这些行为都是替代品。我们通过起始点和理想到达的终点定位了冲动这条线[①]。那么我们观察到了什么？我们行为的意义是一个性的意义，因为冲动倾向的目标和源头都是关于性的。源头是一个欲力代表，其内容物与身体特别敏感的区域相符，与性观点上的兴奋区域相符，被称为**性欲激发区**（zone erogene）。这个目标总是理想化的。回顾前文，它是两性之间珠联璧合而缔造出的完美快乐，这种快乐的**乱伦**形象普遍而神秘。

---

① 这里仍是借用数学作图来说明其间的关系。——译者注

·5·
精神分析对于性欲的概念

这些倾向诞生在身体激起性欲的区域，它们憧憬着难以接近而绝对的性满足，被压抑牵绊着，并且那些不可能的乱伦行为最后通过一些作为替代产物的行为显露出来[①]——这些倾向叫做性冲动。这些性冲动复杂而多变，它们充斥在无意识的领土上并且它们的存在要追溯至我们漫长的个人史，始于胚胎状态，终于死亡之时。它们最显著的表现则出现在我们儿时生活的第一个五年之中。

弗洛伊德认为性冲动存在四个基本要素。喷射的地方（激起性欲的区域）作为排出**来源**，将其推动的**力量**和使之吸引的**目标**，利用一个**客体**，冲动尝试达到理想目标。这个客体可能是一件事物或一个人，有时候是他自己，有时候是其他人，但是比起实存而言它总是宁可作为一个**幻想的客体**。这一点对于理解通过性冲动而显露出的那些替代性质的行为（一个出乎意料的言语、一个非本愿的姿势或者我们没有决定时的那些情感关联）非常重要。这些替代性质的行为是以幻想为模型的行为，并且是围绕幻想的客体而组织的行为。

[①] 读拉康的人认为这里令他们想到一句著名的格言："性关系是不可能的"或者"没有性关系"。在我们探讨之后，它可以完善成为下面这种方式的总结：不存在乱伦的性关系，只存在性关系的替代品。

我还要补充一个基本要点，它显现并构成了这些冲动的特点，即这些冲动给我们带来了特殊的快乐。这并不是所力求的绝对的快乐，而是有限的快乐：被形容为"性"的部分快乐。然而什么是性快乐？什么是性欲？从精神分析的观点来看，人类的性欲并非简化为两个独立个体生殖器官的接触，也不能简化为生殖感觉的刺激兴奋。"性"的概念比起"生殖"这个概念在精神分析中具有更加广泛的接纳。这都是孩子和生理本能反常之人给弗洛伊德关于性欲概念呈现的面积广阔的区域。我们叫它"性"，全靠它的引导，起始于身体的激发性欲区域（嘴唇、肛门、眼睛、声音、皮肤，等等）并且依靠幻想谋得一个确切的快乐类型。那是怎样的快乐？这被解释为两个方面：首先，它明确区别于因生理性需求满足（进食、排泄、睡觉等）而引发的另一个快乐，例如哺乳吮吸的快乐；与之相对，从精神分析的观点来看，对于性的愉悦并没有同饥饿后饱食带来的舒缓相混淆。舒缓和快乐当然有一定的关联，但是吮吸带来的性愉悦将很快变为一种自然需求以外的满足。毫无疑问，吃奶本身是一种摄食，但是年幼的孩子继续吮吸乳头，可那时候他其实已经吃饱了。由此可以发现吮吸乳头其实是在自我层面的一种快乐来源。第二个方面：性愉悦——不同于器官意义的快乐——围绕激起性欲区域的极化，依凭一个幻想的客体媒介从而获得（而非一个实存的客体），重获那些不同的预前快乐并感到同自己性交（对于他者看的快乐、暴露自己的快乐、抚摸的快乐、感到气息的快乐，等等）。看看我们的举例，乳儿吮吸的快乐持久地存在于我们成人后的生活中，比如我们拥抱所爱之人的身体时的预前快乐①。如果要总结从器官性的愉悦②到性快感的途径,我们应该这样说:饮用母乳的器官性欢愉→吮吸乳房的性快感→吮吸大拇指或奶嘴的性快感→拥抱所爱之人的身躯的性快感。如此可以很清晰地了解为什么精神分析家们凝缩出所有这些步骤,并且通过讲出母亲的乳房是我们第一个性的客体对象——由此进行简明的总结。

□ **需求,欲望和爱**。为了更好地标记出器官性快乐和性快感之间的不同,我们暂停一下,转而先定义这几个基本概念,即需求、欲望和爱。**需求**是一个器官关于具体有形的客体实现了实存需要的满足(例如哺乳或进食)而并不伴随幻想。这种幸福的快乐,其表现不存在任何性方面的幸福。**欲望**(或欲求)恰恰相反,是一个性冲动的表达;或者更恰当地说,性冲动自身需满足两个条件:

	需求	欲望/欲求	爱
倾向/意向	器官的意向	意向目标是乱伦,还有客体、他者欲望中身体的幻想	意向目标是与所爱之人结为连理

---

① 预前的:*préliminaire*,是指当我们获得快乐之前,都会有我们儿时最初的一些快乐留下的印记作为载体和媒介,例如儿时吮吸乳房时的快乐感觉留下的印记,影响着成年后拥抱爱人时体会到的快乐。故而称儿时吮吸乳房的快乐为预前的快乐。——译者注
② 器官性的愉悦:也翻译为"器官快感",是一种快感模式,它是部分冲动自体情欲式满足的特征:某个激发性欲区域在其发源处获得舒缓,独立于其他部分的满足并与某特定功能的完成无直接关系。(请参照台湾行人出版社出版的《精神分析辞汇》第339页。)——译者注

续表

	需求	欲望/欲求	爱
身体的区域	器官的区域	"定"的激起性欲的区域	"不定"的激起性欲的区域
身体的兴奋	准时兴奋	连续的兴奋	这些兴奋是符号、象征和印象
目标	自主维持	理想目标：乱伦	理想目标：与爱人融合在一起
方法（客体）	实存的客体（例如进食）	客体：他者欲望中身体的幻想	想象的客体：我的理想化的相似者
获得快乐	满足（饱食）的快乐	性快感被限制	性快感被升华
他者	需求的大他者，例如：提供食物的母亲	欲望的大他者，例如：所欲求的母亲和欲望中的母亲	爱的大他者，例如：理想的母亲

图5 需求、欲望和爱的不同

首先，其目标是纯粹的乱伦，并且其实现的方法是对他者身体的兴奋而导致的欲求。或者这样讲更明确：一个冲动（欲力）可以被看作一个欲望，当冲动利用客体得到满足之时，这个客体是某个人的身体，而此人也同时欲求着客体。当我们说到"需求"与"诞生于我们身体的激发性欲区域的欲望"之间的差异，以及"冲动的其他类型"与"经由幻想之后欲望获得部分满足"之间的差异时，这种客体是充满情欲的他者被兴奋的身体。同时，对于被欲求的他者的依恋等同于对一个被幻想的客体的依恋，这极化的客体就在他者的身体上，围绕着激发性欲的区域（嘴唇、乳房、肛门、阴道、阴茎、皮肤、嗅觉，等等）。**爱**——这最后一点，也是对他者的依恋，但整个方式是以没有"定"的①激发性欲区域作为支撑。当然，这三种情况自发成叠瓦状排列并且互相混淆在所有的爱情关系之中（图5）。

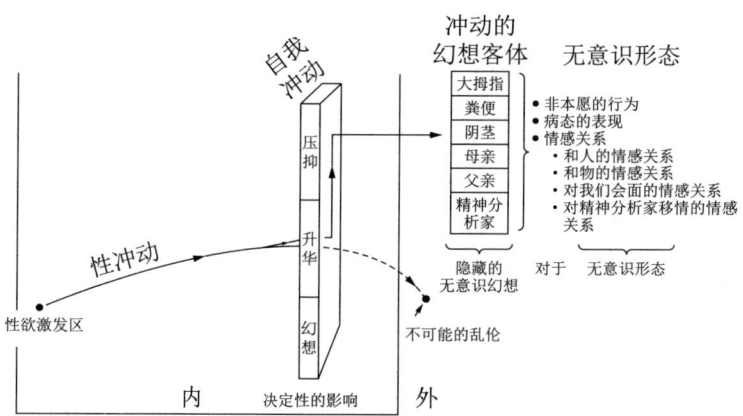

图6　性冲动，三个决定性影响（压抑、升华、幻想）及其对外表露

---

① 该段落中，对于激发性欲区域强调的"定"与"不定"，可参照数学微积分上的"定积分"与"不定积分"的命名方式来理解。——译者注

·6·

性冲动的三个决定性指征：压抑、升华和幻想。纳西索斯情结的概念

我们之前已经讲过了通过性冲动获得的快乐只是被限制的快乐。但是为何说它是"被限制的"？而且，为什么这些性冲动满足于幻想出的客体而非实存或具体有形的客体？请回顾图6。我们观察到这些性冲动只是获得了被限制的快乐，因为这是它在赢得了艰苦的斗争，摆脱了自我防御后可以获得的唯一快乐。那是怎样的防御呢？首当其冲就是压抑。然而，压抑也是其自身的一种力量的方式，或者更恰当地说，是自我的冲动。可以说有两个对立的冲动集团：一个冲动集团致力于卸载紧张，即性冲动；而另一个冲动集团与之截然相反——那是自我的冲动吗？是的！这正是弗洛伊德在著作之初，于1914年介绍纳西索斯情结[①]概念之前，对于冲动意图做出解释的第一个理论学说。随即我们看到了第二个理论——这是在补充第一个理论——自那一年后的总结，区分两个敌对的冲动意向：被压抑的性冲动和自我压抑的冲动。首先寻求纯粹的性快感，然而接着就反对它。衍生的快乐和部分的快乐精确地构建了这个冲突的结果，

[①] 纳西索斯情结：古希腊神话中纳西索斯是自恋的代表，纳西索斯情结包含的意思有自爱欲、恋己癖、自尊、自爱。——译者注

而我们已经将这些快乐命名为性快感。

*

如果要遵从精神分析运作机能的四个时段的思维逻辑，诸位可以很容易地接受性冲动的命运总是相同的：它将被迫寻求一个通向理想目标的道路，而这理想目标受到自我冲动的束缚，即所谓压抑这个障碍物；但是，在压抑之外，自我面对着性冲动方面的另外两个束缚：升华和幻想。

☐ **升华**——这些束缚的先头部队，通过冲动路径**改变目标**：这种运用方法被称作升华，且通过另一个并非性欲的目标替换了理想性欲目标（乱伦），比如成就了文化或艺术创造、父母与孩子间温暖的关系、夫妻间感情上的联系，等等，这些都是性冲动的社会性表达，是性欲冲动这些虚拟的目标改头换面后进行的社会性表达。例如友情，就是通过性欲冲动改换成为社会目标而维持的。

☐ **幻想**——这是自我的另一个强制性束缚，它更加复杂，但是明白它的机制将使我们能够解释为什么这些伴随着获得性快感的冲动客体，都是幻想出的客体而并非实存。自我对抗着性冲动，这是另一个障碍，其构成并不是目标的改变，正如之前我们所说的**升华**的情况，而这一次是由**客体的改变**构成的。自我代替了实存客体，安置了幻想出的客体，是为了停止性冲动的冲击，自我则满意地享受着这自欺欺人如海市蜃楼一般的幻想客体带来的冲动。

但是自我是如何在这类把戏中成功的呢？好吧，为了把一个实存客体变成幻想客体,首先要让实存客体并入其中,直至转换成为幻想。让我们举个例子来说明吧,比如将这个自我施展的花招人为地分解为六个步骤:

1. 想象同某个人的情感关系,那个人引诱了我们。假设这个人是实存客体,是那个驱使我们性冲动的实存客体。

2. 我们(即所谓的自我),经常与这个人接触并来往,直到其一点一点地与我们归并,且转换成为我们的一部分。

3. 现在这个被爱着的生命体已经在我们内部了,我们尽力去爱他,去承载他,此刻他依然是实存的。为什么是这样?因为他变成了"我"的一部分,我们像是对待自己那样去疼爱他。爱着的彼者,往往都是对自己①的自爱。

4. 然后这个被爱之人中断了作为我们的外部而存在,继而存在于我们身上,如同一个幻想的客体,它维持着并经常令我们的性冲动复苏。如此,实存的人对我们而言不再继续存在而仅仅只是在幻想的形态下存在,就算是这样,除此以外我们仍然认识到他是存在的,他自然地存在于世界上。因此,当我们爱的时候,我们总是爱着一个混合体,那是幻想与真实存在之外的某人的混合体。

5. 爱情关系是建立在幻想之上的,这个幻想平息了性冲动的饥渴并且获得了部分的快乐。这快乐我们已经将其形容为广义上是"性欲的"。

---

① 此者,这是将"彼此"这个词拆为两方面来描述的,对方为"彼",自己为"此",彼者即为他者。——译者注

6. 我们接下来爱着或者恨着将依据下面的模式：其在我们心中拥有着对他钟爱或仇恨两方面的幻想。我们所有的情感关系，尤其是建立在患者和精神分析家之间的那种关系——转移的爱——都紧密地贴合着幻想的模型；幻想调动了性冲动行为并且带来了愉悦。

□ **纳西索斯情结（恋己癖）的概念**——然而，在这些刚才描述的进程中，我们已经充分强调了自我将实存的被爱对象转换为幻想客体这一过程的基本方式。这个方式是什么？它是一种自我的扭曲，被称为纳西索斯情结（自爱欲）。纳西索斯情结是自我的一种独特状态——当我们为了内摄实存的彼者并且将其转化为幻想的时候——它代替了性欲客体并且通过性欲冲动造就了爱和欲求。在把所爱之人变为一个幻想出的客体之前，它自己就变成了幻想客体。正如自我一样，为了驾驭冲动，它疏远了理想目标并且自言自语地这样利诱道："既然你为了获得那些性的完成在寻找一个客体，那就来吧，来试试我呀！"纳西索斯情结概念的理论难点在于，能够很好地理解那些性冲动和自我——认同成为幻想的客体——构建了我们自己的两个部分。"性的—冲动—自我"钟情于"幻想的—客体—自我"。我们可以做出这样的归纳："冲动—自我"对它的自爱如同对待一个性欲客体。纳西索斯情结的定义并非通过对其在"钟爱自己"方面所发生的简单复返，而是用"爱自己如同性欲客体"这样的方式："性的—冲动—自我"钟情于"性的—幻想的—客体—自我"。准确来说虽然自我是一个幻想出的客体，但由于它本质上是虚幻的且是一个性欲客体，它带来的快乐是通过激发部分性的满足冲动而产生的；因此，自我的纳西索斯之爱（恋己癖的爱），其性的幻想的客体，是作为我们所有幻想构成的基础。同时我们可以推断出在所有的幻想中，更加准确而言对于每一个幻想中的角色，临床医生应该察觉出自我的在场。

我要做出如下的旁白来总结这些性冲动不同的命运：这些不同将可能被压抑、被升华或者被幻想引诱。

·7·
婴幼儿的性欲期和俄狄浦斯情结期

这些性冲动可以追溯到我们遥远的童年。这个历程表明了我们儿时身体的发展。而这些性冲动的进化开始于我们诞生之日并且在3~4岁时伴随着俄狄浦斯情结的出现而达到顶峰。俄狄浦斯情结显著地表明了孩子对于异性父母一方的依恋，与此相反的是对于同性父母一方的敌视。在人之初的这些年中，那些突然出现的大部分事件都已被遗忘侵袭，弗洛伊德对此命名为**婴幼儿的遗忘症**。

我们可以简要地得出婴幼儿性冲动历程的三个时期，这是根据对激发性欲区域的掌控而区别出来的：口欲期时掌控区域是口唇，肛欲期时掌控区域是肛门，还有伴随着男性生殖器官那至高无上的幻想的石祖期。①

*

口欲期覆盖着乳儿的头六个月；口唇作为激发性欲的优

---

① 原文为 *la phase phallique*，字面意思为阴茎的时期，国内常见翻译还有"生殖器期""性蕾期"，均是根据精神分析的基本理论翻译的。四川大学的霍大同教授将 *phallus* 翻译为石祖，而 *phallique* 是它的形容词形式，可理解为"石祖的"或"阴茎的"、"石祖期的"。——译者注

势区域不仅让婴儿满足于吃奶，更带来了吮吸的快乐，即所谓的造成嘴唇、舌头及上颚通过节律性的交替产生运动。当我们使用"口的冲动"或者"口的快乐"这样的表达时，应该区分开一切关于哺乳进食这样的专属表达。口的快乐其实是这样一种本质上的快乐：吮吸一个客体，把它含在口中，或把它抱住靠近嘴唇，并且承载着口腔对其持续地收缩与放松。对于乳儿——我们已经知道——这个愉快的收益在果腹满足之外，正是被修饰为"性欲的"。口唇冲动的客体并非是在进食时喝下的那些牛奶，而是热热的牛奶流的涌入或者还有母亲的乳头、奶嘴以及随后有时候继之而来的自己身体的某一部分造成了黏膜的兴奋，最常见的就是吮吸手指，尤其是吮吸大拇指，这些都是实存的客体，都是维持有节奏的吮吸动作的实存客体，并且这一切客体都成为了植入幻想的借口和依托。当我们观察一个孩子很熟练地运用大拇指在口腔的颚部做吮吸动作时，我们可以由他那如梦似幻的目光推断出其证明了——精神分析观点中的话语——一个密集而强烈的性快感。请不要忘记，对于那些实存客体的依恋首先是对于一些幻想中的客体的依恋，并且这些幻想中的客体都是自我本身。同理，孩子吮吸实存的大拇指实际上确实是一个幻想中的客体，他正在与之亲热，这个"之"就是所谓的他自己（恋己癖，纳西索斯情结）。作为总结，我们需要补充孩子在口唇期后期还存在一个兴奋状态，即开始于生命的半岁之后，即第一次使用牙齿的兴奋。"咬"带来性快感，有时候是狂野的撕咬，这完善了吮吸带来的快乐。

　　肛门期^①产生并发展于 2～3 岁。肛门口是一个激发性欲的优势区域，那些粪便构成了实存的客体，从而现实化了肛门冲动的幻想客体。我们已经以同样的方式区分了吃带来的快乐和吮吸带来的性快感，我们必须分清楚器官的快乐——即因为身体需要而排出粪便带来的舒缓，和暂时忍住大便为了接下来更猛烈地排泄而带来的性快感。在一切有节律的括约肌运动之前，当孩子收缩括约肌忍住大便并接着自主指挥其扩张将大便排出之时，肛门黏膜的性兴奋首先被激发。

> 一开始，我们已经认识到这些性的客体对象：精神分析呈现给我们的是，这些我们单纯地评价为值得尊敬的人们，可能经由我们的无意识评估之后，接下来就作为性客体（对象）了。
>
> ——西格蒙德·弗洛伊德

　　石祖期位于性的发展，即所谓的定义明确的生殖器组织^②的最后一个前期状态。这个时期展开于 3~5 岁，并且上述中确切的生殖器组织在青春期之前插入了一个"潜伏期"，而在此期

---

① 国内有些著作翻译为肛欲期。——译者注
② 原著中此时并没有使用器官一词，因为此时生殖器并不具备生殖的器官功能，生殖组织可理解为"未成熟的生殖器官"。——译者注

间，性冲动是被抑制的。

在石祖期，男性的生殖器官——阴茎——扮演着优势角色。对于女孩而言，弗洛伊德则考虑阴蒂作为生殖器的象征，是兴奋的来源。换而言之，一个实存的客体给了幻想的客体位置。这里，阴茎和阴蒂只是被命名为石祖①的那些幻想中的客体的实存而具体的基础。实际上，并非阴茎器官在这个时期占据上风，而是这个器官的幻想占据了上风，即所谓夜郎自大地评估了这个力量的象征②。在这个时期手淫性质的爱抚和对于生殖器官某些部分有节律的触摸正是性快感导致的结果；同时还有口唇有节律地运动从而实施吮吸得到口唇的快乐，以及交替性地忍住及排出大便获得肛门的快乐。

在生殖器期的开始，男孩和女孩都相信作为人类，大家都拥有或者应该拥有"一个石祖"。对于孩子们的感知而言，男女性别的不同如同相反的两个方向：石祖的拥有者和被剥夺石祖的人（被阉割）。接着，女孩和男孩进一步按照不同的路线发展，直到他们在青春期获得决定性的性同一化（性的认同）。这些路程的不同是因为幻想中的客体（石祖）从石祖冲动那里获得的满足，在每个人身上的价值均不同。对于男孩，冲动的客体③即所谓的石祖，就是母亲，或者更恰当地来说是幻想出的母亲，而且有时候我们会惊讶地发现竟是幻想中的父亲。对于女孩，客体对象首先是幻想出的母亲，继之而来的第二个时段

---

① 为了深入理解这个石祖期，读者可以参照篇章《阉割情结的概念》和《石祖的概念》，文章出自我的另一本书《精神分析七个核心概念的教学》。
② 象征或符号，拉康学派所讲的想象界、符号界、实在界。——译者注
③ 冲动客体，也可翻译为欲力的对象。——译者注

才是父亲。小男孩进入俄狄浦斯情结期并且把玩自己阴茎的时候，令其沉醉其中的幻想正是联系着他的母亲。然后，在心中通过父亲的形象大声吵吵着阉割的威胁以及认为女性身体的石祖被剥夺而激发的焦虑这两者的联合作用下，男孩放弃了占有客体——母亲（对象——母亲）。围绕着男性俄狄浦斯情结，那些情感自发地组织起来，并且活动，到达顶点，然后自发解决，这就是**焦虑**；上述的焦虑就是阉割情结，即所谓的害怕身体的那个特定部分被剥夺。而这个年纪的男孩最珍视的客体就是他的阴茎（石祖）。

在小女孩身上，从母亲到父亲这个途径的通路更为复杂一些。在女性俄狄浦斯情结中发生的主要事件就是失望。女孩子在看到自己已经缺失了石祖之后感到非常失望。她曾经一直相信这个石祖已经被捐给别人了。这种失望的感觉混杂着仇恨与缅怀，从而完成了这样一种情感：嫉羡，对石祖（阴茎）的嫉羡。围绕着女性俄狄浦斯情结的引力所塑造的情感，并非像男孩那样的焦虑，而是**嫉羡**。嫉妒羡慕阴茎，从而很快发展为开始欲求和爸爸拥有一个孩子，经过漫长的时间，当女孩变成女人之后，则欲求和她选中的男人有个孩子。弗洛伊德在对这个做出解释很久之后，通过重新认知女孩身上的阉割情结理论，做出了完善和补充，即羡慕与嫉妒并非阉割情结唯一的反馈——对于那些行为上已经完成确信阴茎缺失的女孩。除了嫉羡，其在女性身上还存在另一个俄狄浦斯式情感，那就是焦虑。但此焦虑非彼焦虑，并不是失去那个她不曾拥有的石祖（阴茎）而导致的焦虑，而是害怕失去另一个极其珍贵的"石祖"所引起的焦虑。这个"石祖"就是爱情，来自于她所爱的人。女性的阉割情结焦虑不为别的，正是为害怕失去所爱之人的爱而焦虑。简而言之，这两个主要情感决定了女性俄狄浦斯情结的出路：**羡慕嫉妒阴茎（石祖）**和**为失去爱情而焦虑**。

·8·
男孩俄狄浦斯情结的批注：父亲的基本角色

在此，我要消除一个关于俄狄浦斯情结中常见的误解，这个误解尤为特别，是关于父亲所扮演的角色。通常我们使用这样的腔调说，男孩依恋着母亲如同一个性对象并且与此同时憎恨着父亲，我们一直围绕着这个展开分析和研究。然而，弗洛伊德不否认这个俄狄浦斯情结的经典组态，赋予了父子关系一个相当特殊的优势——我们毫不犹豫地扮演了父亲而不是母亲——这是男性俄狄浦斯情结的主角。论证理由如下：在俄狄浦斯情结形态的第一个阶段中，我们认识到男孩情感性的依恋的两种类型：一个是把母亲当作性对象的欲望依恋，另一个是把父亲作为模仿的榜样而产生的依恋。男孩想要让自己变成这个理想中的父亲。当母亲联系着性对象客体——充满了**欲望**的洪流，父亲则联系着理想客体——通过对理想模范的**认同**从而诞生了爱的感觉，以此作为回应。弗洛伊德告诉我们，这两种感觉——对母亲的欲望与对父亲的爱，互相接近，"通过互相汇合的方式结束，并且这个汇合诞生了正常态的俄狄浦斯情结"[①]。那么，这次汇合发生了什么呢？小男孩被父亲的在场束缚了并觉

[①] 出自纳索教授最重要的一本著作《精神分析七个核心概念的教学》(1992年出版)，可参考此书中的篇章《男孩和女孩的俄狄浦斯情结中的长期发展》。——译者注

得痛苦，父亲的在场阻拦了他对于母亲的欲望洪流。伴随着对理想中父亲的认同，从一开始的敌对态度，最终成为了对父亲作为母亲的男人这一身份的认同。孩子实际上是想要替代他的父亲——这围绕着被当作性对象的母亲，并且想要变成被母亲挑选出的伴侣。当然，所有这些针对父亲的情感掺杂在一起并且联结起来，其中包括理想的温柔、对于入侵者的憎恶以及对于拥有男人的那些象征的嫉羡。

尽管如此，有时候俄狄浦斯情结也会反转成为一种少见的方式。反向俄狄浦斯情结确有其事——总是被解释却难以很好地理解——其构成是对于"客体—父亲"身份的根本性改变：**父亲在男孩的眼中，以一个令人欲求的性对象客体的身份出现**。这完全倒戈了。父亲作为激起仰慕、温柔和钟情的理想客体对象，作为一个性客体而激发着欲望。从前，父亲是男孩想要**成为**的一个理想；现在，父亲是男孩想要**拥有**的一个性客体。简而言之，对于男孩，父亲的出现依赖于三个不同的状态：如同一个理想被爱着、如同一个竞争对手被恨着以及如同一个性客体被欲求着。这就是我们坚持要强调的重点——男性俄狄浦斯情结的基础，这是男孩对于父亲关系的多次更迭，且不止如此——正如我们往往认为的——还有对于他母亲关系的更迭，因为在与父亲的混乱联系中，隐藏着成年男性神经症中最常见的原因。

*

关于石祖期的特点还有一些要强调的地方，即我们是否注意到之前阶段的要点，因为它的出路决定了成年之后性的认同。

此时此刻对这些方面有所保留。请注意，首先在这个阶段中，来自欲力的被幻想的客体不再只是依赖于独立个体身体上的某一个部分，例如大拇指或者粪便（还有现在的阴茎或者阴蒂），而是依赖某个人。来自欲力被幻想的客体（石祖），这些欲望和冲动通过其母亲或者父亲的形象而令其感到折磨。同样，石祖期的男孩将母亲感知为这样一个幻想——充满情欲的母亲。

诸位还需要注意，在这个进程中，孩子第一次经历了失去冲动的客体对象，并非是对于之前时段继之而来的自然演化的发展（例如断奶期），而是发布了一次通告作为回复。男孩选择了失去"客体—母亲"并且归顺于乱伦禁忌这一普世律法。这律法就是父亲责令儿子遵守剥夺阴茎（石祖）的惩罚。

最后请注意，在生殖器期，男孩是单方面地通过决绝的选择而自行总结出解决方法：他们将要做出抉择，是挽回自己身体的一部分，还是挽回冲动的客体。这个二选一的抉择相当于要挑选出一个石祖形式或者一个石祖他者：要么是阴茎，要么是母亲。孩子将要决定保护他的身体免于阉割情结的威胁，即所谓的保护阴茎；或者很好地收藏起他的冲动客体，即所谓的母亲。他要在拯救阴茎和放弃母亲这两者之间选择，或者不放弃母亲，而献祭他的阴茎。当然，一般的出路是放弃母亲而保持个人的完整。纳西索斯爱恋（自恋）优先于对客体的钟情。这个我呈现出的抉择如同一场悲剧存在于孩子的过去经历中。俄狄浦斯情结中的孩子做出的抉择，其实和我们的生命中某些时刻经历的选择相似。例如我们被迫做出决定，而得失的对象为我们所珍爱的亲人之时①。然而，为了保护自身的存在，我们最终往往放弃了客体②。人类会自然地通过自私趋向来维护自己、支配自己。

---

① 例如医院做手术前对病人家属的风险告知、需要签手术同意书等。——译者注
② 例如挚爱的亲人逝世，虽然会悲伤，但是最终还是会选择继续活下去而不是为之殉葬。——译者注

·9·
生的冲动和死的冲动。对于过去的主动欲望

我已经向诸位声明了弗洛伊德当时修饰他关于各种冲动的第一个理论，这理论对应着自我压抑着的冲动以及对抗的性冲动。其首当其冲的理由就是纳西索斯情结（恋己癖）的发现。事实上，我们清楚地知道为了诱骗这些冲动，自我变成了一个被幻想的性对象客体：对于那些承载着冲动力比多的作为外在被假设的性客体，其与自我本身这两者之间的建立已经不再有区别。外在的性客体、被幻想的性客体以及自我，都是单独的并且是相同的东西，这些就是我们称为冲动的客体或欲力对象。从这个观点来看，我们已经做出了总结：自我对自身的欲求正如同一个各种冲动的客体。

但是如果这个独特而唯一的客体——即自我——携带着源于性冲动的力比多，那么自我已经没有地方来认识检禁意识的意志。这个检禁是对性冲动的检禁①。因此，自我的那些冲动从弗洛伊德的理论中消失了，并且伴随着这些冲动中描述的性冲动、自我冲动这两个对立方一起隐去。由此弗洛伊德提出重构

---

① 检禁：censure，一种倾向于禁止无意识欲望以及衍生物进入前意识—意识系统内的功能。（请参考台湾行人出版社出版的《精神分析辞汇》第67页。）——译者注

这些力比多运动①，无论是在自我的层面，还是在性客体的层面，在**生的冲动**这独妙的解释下，同时与之相对的还有所谓**死的冲动**。生的冲动的目标是依托性欲制造联系，即所谓的通过力比多，在我们的精神现象、身体、周围的生物和事物之间作为各种关系的代言人。生的冲动的目的如下：力比多性欲对于周围的一切进行投注并且确保人能够生气勃勃地将各式各样的人凝聚起来。而相反的是，死的冲动则追求使那些客体的力比多摆脱出来，它想要让活泼的生命不可避免地回归到零张力，回归到无机状态。就这一点来说，我们可以分析所谓"死亡"，其主宰着这些冲动并非总是同义于毁灭战争或侵犯。死的冲动再次复现了从活泼的生命体到寻找死亡、休息、沉默所带来的安静这一历程的趋向。在紧张地寻求对外面世界自我缓解的时候，死的冲动的确可能是最致命的行为起因②，但是当这些冲动留在我们内部的时候，它们可能会令我们深深受益并让我们获得新生的神奇力量③。

请注意这两个类别的冲动所起的作用不仅仅是协调，更是分别承担了一种通常的表达方式。我在此多谈两句是因为这个行为构成了一个全新的概念，这在弗洛伊德学派的思想中是一

---

① 力比多，libido，可理解为性欲产生的力量或者性欲力量的量化单位，简称性力，这是弗洛伊德后期学术发展诞生的一个重要概念。——译者注
② 比如当我们要做点什么来缓解压力的时候，因为死的冲动及死的本能的干扰，导致我们中途放弃而没有去做。——译者注
③ 原著中此处使用了 régénératrice 一词，有催化剂、再生反应堆等意思。分解这个词 ré- 是再一次、重复的意思，génér- 是生殖，用于描写诞生某些事物，-trice 是阴性形容词或名词的一种固定词缀，译者认为作者想表达的是死的冲动可以进而激发出新的动机以及想法。——译者注

次飞越。对于生的冲动和死的冲动，这个通常的表达方式到底是什么？这个全新的概念又是什么？在它们的不同之外，生与死的冲动的目的是为了在时间中重建一个先前的状态。生的冲动与周围的人和事物建立联系，通过这种方式增加了紧张；死的冲动憧憬着宁静并且希望重新归零，这两者都致力于仿制、重复①一个过去的状况：惬意或不惬意、愉悦或不愉快、安详或激动。这些告诉我们，患者往往伴随着一种极其强大的力量，这些力量驱使他们重复自己的失败和痛苦，甚至要从这些失败和痛苦中寻回过去的一些惬意事件。正如某些企业的主管，紧盯着他的计划，眼看就要实现了，却没能逃过命运的审判而不可避免地毁于一旦。

总之，弗洛伊德提出的这个新概念即冲动的第二个理论——**强迫重复从前**②。苛求着重复过去的痛苦比再次探索未来的快乐更加强烈。对于重复的强迫是第一个也是基本的冲动，是那些冲动的冲动；这不再是一个指引的准则，而是一个趋向，它苛求着向后回返，从而找回那些已经被替代的东西。对于过去的主动欲望，即使过去对于自我是"坏"的，通过这个强迫

---

① 重复：répéter，是精神分析中的专业词汇，文中所有的重复都特指这个法语原词。重复强制：（1）就具体的精神病理学层面而言，指源自无意识且无法被节制的一种过程。透过这个过程，主体主动地处于痛楚的情境，如此重复过往经验，但不记得原型；反之却有极其鲜明的印象，以为这是某种在当下完全有所凭据的事物。（2）在弗洛伊德的理论构建中，重复强制被认为是一个自主的因素，且分析到最后，不可被简化为只有快乐原则、现实原则互相作用的冲突动力。基本上，重复强制被认为与欲力最普遍的特征——保存性特征——有关。（请参考台湾行人出版社出版的《精神分析辞汇》第92页。）——译者注
② 这里请参考《精神分析七个核心概念的教学》中的篇章——《强迫重复的概念》。

却被解释为要再次产生作用,过去的事件虽然没能完结,却伴随着将其完成的意愿。我们已经论证了非本愿的行为曾是一个理想行为与未完成行为的替代物。强迫重复正是这个欲望:即重回过去是为了能够直截了当且毫无困难地做到尽善尽美,而保持的行为就这么搁置着,犹如那些无意识的冲动从来没有臣服于压抑给予的审判。

我们也可以断言,强迫重复从前,比为了寻回快乐而来的冲动更加难以抗拒。撤回向后的那些保守倾向——适用于生的冲动和死的冲动对于他者的倾向,正如被快乐原则统治的保守——寻回无紧张的状态。同时,弗洛伊德认为,强迫重复好似一个力量,它超越了快乐原则的限制,在寻回快乐之外。然而,这一对生与死的冲动通过精神功能的两个重大原则的共轭行为,滞留在这直纹面上:寻回过去与寻回快乐。①

---

① 这里所说的共轭、直纹面都来自数学与几何学,拉康学派在对精神现象的解释上多次借用数学与几何的模型以及概念,如"黎曼曲面"、"莫比乌斯环",借此说明意识和无意识的互相转换。——译者注

·10·
精神装置的第二个理论：自我、它我和超我

> 精神装置被分解为："它"是冲动运动的承载者；"我"的构成包括最肤浅的"它"与外界影响的修饰；"超我"，出离了"它"，支配着自我并再现了冲动的抑制和人的特征。
>
> ——西格蒙德·弗洛伊德

有一个理论性的难点导致弗洛伊德建立了一个全新的精神现象概念，这就是关于压抑的问题。心理治疗师的经历令他明白，压抑并没有在临床中表达出检禁，检禁即患者有意识地训练以对抗那些冲动。压抑并非一个欲望中有意识的拒绝或无意识冲动中有意识的拒绝，而是一个用于自动调控的路障，在调控实施过程中主体却不知道。同时，治疗进程中的分析对象的阻抗完全不是存心的：患者实施抵抗，但是并不知道为什么，也不知道如何抵抗。这些就诊过程中分析对象出现的不适，他们通常的哀怨或联想观念的耗尽①，呈现给弗洛伊德的就是压抑，且更通常而言整合了自我的防御机制，从而作用于无意识。弗

---

① 当时，弗洛伊德让患者通过自由联想来进行精神分析。——译者注

洛伊德推断，压抑是一个自我的行为，正如自我在无意识下压抑了那些无意识表象。伴随着这个猜想，则无法继续这样考虑：对意识中的一个"我"进行压抑并且无意识地被压抑物推动。自此以后我们应该认识到，自我是一个混合的审级，其中同时存在着意识、前意识、无意识这些部分以及功能。我们不能再把自我和意识当作一回事，并且不能再继续主张自我就是一个人自我的意识。不！自我是精神装置的三个审级之一，其中意识这一部分被减少了很多。请注意另一个审级——超我，它不仅能在意识中让人听到，更是狡诈且无意识地引诱了主体的行为。①

伴随着这个理论的修正，无意识采用了一个新的身份。既然这三个精神装置合成后能够作为无意识，无意识就停止了作为一个天生的实体并且变成了这些表达装置的共同财产。请回顾这些内容。直到这里，我们已经区分了前意识、意识系统和无意识系统，后者的存在被视为被压抑物的同义。然而，从观察到压抑的那一刻开始，它就是无意识，所以不可能再相似地对待无意识和被压抑物。无意识既是压抑又是被压抑物。弗洛伊德也放弃了中期的著作，差不多到1920年，他对于无意识抱有这样的想法——正如一个独立自治的系统，且被赋予特权的无意识作为术语，它描述的词义为：对于这些精神装置的每个审级，无意识的定义正如表语的性质。

然而这三个精神审级——正是它我在精神现象的新地形图

---

① 参阅并学习《精神分析七个核心概念的教学》一书中《超我的概念》这一章节。

中，变得对于无意识而言更加容易识别的区域。无意识的确是这三个精神审级的表语①，但是它我是最为明显的无意识特异表达方式。听听弗洛伊德的言论吧:"对于系统刻板的意义我们不再使用'无意识',直至表明了它的出现如一个最合适的命名并不再引起误会……,就是它我。这个非人称代词的出现尤为恰当地表达了'无意识'这个精神区域的主要特性,其特性是:对于自我而言是个外来者。"牢记这些语句十分重要,这个理念如同自我心脏的悸动,然而此物对于自我而言确实是最外向、最陌生的东西。在第一个理论中无意识被称为"系统"或者"它",作为第二个理论,滞留在"我们存在"的核心,并且同时,其存在最异类、在语言上最具有无人称特性。要明白,指示代词"Ça"②是如此完美而恰当地指明了我们身上的这个东西,它通知我们产生自相矛盾的行为,如此晦涩、原始且无法察觉。

那么这个"它我"到底是什么呢?这是一个被乔治·果代克(Groddeck)创造出来的概念,弗洛伊德再次将其使用,通

---

① 表语:*attribut*,在语言学中有表语的概念。引用表语的语言学特性作喻,理解为无意识在精神层面的意识、前意识、无意识三者中表达出了属性、品质、象征、特性等。——译者注

② Ça:即文中所说的"它",此处不宜翻译,因为"Ça"在法语中为指示代词,做无人称句子的主语,表示"这个""那个"或加强语气。从这个角度而言,国内无论翻译为"本我"还是"它我",都无法完好地描述其法语意义。因为"它"在中文里属于第三人称代词而非指示代词。"它"虽然可以强调弗洛伊德制定的三个精神审级中的本能欲望以及动物性,却无法很好地表达"无人称代词"的意义。正如拉康所言:"我们无论如何也不可能将一种语言完全同义地用另一种语言来表达,而这种语言符号的转录造成的语义上的缺失,即不可避免的空无。"——译者注

过一个未知而私密的力量，用以熟练地表达超我的多元决定①。果代克写道："我认为——人因为未知而充满活力，这未知是一个令人赞叹的力量，它引导人们去做事，并且让那些事发生在人身上。对于这个主张'我活着'，仅仅只有一部分是正确的，因为那只是从过去经历的角度说。所以，人是通过本我而存在的过去经历。"他接着又引申了一下："当我们说'我思考，我活着'时，这是个艺术上的虚构，且是一个变形。应该这样说，'它我思考，它我活着'。'它'，即所谓的世界上最伟大的谜团。"②

但是如果无意识如同一个系统，其内在本质与它我相似，那么尽管如此，它也存在着一些不同，我们可以总结如下：

- 在它我这个精神装置中，对某些他者充满了欲望冲击，我们不仅仅遇到被铭记事物的无意识表象，更会遇到一些固有观念的表象，这些适用于人类种族，它们铭刻至深且随着种族的发育而遗传。

- 无意识的不同在于，它我的出现如同一个储存着"恋己癖"和"客体"两者的力比多的巨大蓄水池，自我和超我由此吸取这些能量，用以维持各自的行动。

---

① 多元决定：surdétermination，精神分析专业词汇，指一个无意识形成（物）——症状、梦等——起因于众多决定因素，可由两个非常不同的意义来理解：A.上述的形成物是数个原因的结果，而单一原因不足以说明；B.这形成物起因于多重的无意识成分，后者可组织成不同的意义序列。（请参考台湾行人出版社出版的《精神分析辞汇》第500页。）——译者注

② 果代克这段话改编自笛卡尔的名言："我思，故我在。"而根据前文注释的说明，当文中独立出现"它"时，请注意法文原意中的"Ça"是一个无人称代词及指示代词。——译者注

- 它我和无意识之间最重要的区别，是察觉到自己内部变化多端的冲动紧张时，它我那令人惊讶的容纳能力。弗洛伊德把这个现象称为精神内部的自我感知。另外考虑到通过它我，自我感知到冲动紧张的变化，这些变化将在意识中对快乐和不快乐的感觉形态给予表达。

最后一个词是自我。在精神分析的方式中，自我并不是在描述一个人或者一个独立的个体，而是一个精神装置的审级且受到以下作用的影响：

- 一个由无意识占据多数的表象而构建良好的组织结构，等同于前意识和意识。
- 一个特殊卓绝的空间定位，位于两个毫不相关的世界之中：一个是里面的世界，叫做它我；另一个是外边的世界，是外在的现实。

作为精神装置的天线而获得的易感性——对于一切刺激的感知器官源于内界（各式各样的冲动紧张）或者外界。这个雷达功能完善了另一个作用，即使得内部冲动的生命纳入并适应外部世界的苛求。

- 尤其是起源，因为自我诞生于它我，如同其脱离出来的一块。
- 经由它我（性客体和被幻想的客体），相继瞄准对于各种冲动客体的认同而开辟的道路，即为发展。

● 最后，在自我这个审级上做一下估量，对于身体独特而排他的关系被定义为自己身体表面的心理投射，更确切地说，是我们身体轮廓的心理投射。

然而，为了更好地把握"自我"这个抽象概念，我们想象这是一个角色在主动和焦虑两种形态下的交替。主动，其不仅完成了感知功能、适应功能以及综合概括的功能，更从本我中汲取了最大成分的力比多，同时，正如弗洛伊德常常强调并重复的，它妄想着将本我的黑暗统治占为己有，从而教化本我。"本我就在那里"，弗洛伊德写道，"自我应由此而凸显。"或者还可以这样说："精神分析是一种手段，使自我能一步步地征服本我。"

自我的另一个外貌——被动且焦虑的，就是它采用了自我防御抵挡来自本我的以及外界的危险刺激。内在的冲动刺激激发了直接与间接方式的自我。直接方式就是那些迫切而轻率的冲动苛求，而同时间接方式以超我作为媒介，从而听到本我的苛求。用拉康那个著名的总结来讲，即"它我说话"，其恰当地补充了：本我说话是用超我的嘴、声音和词汇，因为超我对自我叫嚷着本我的苛求是一件好事。但是通过自我感知到的某些刺激类型，再感知它时，本我的苛求却如同一个可怕的威胁令之焦虑。产生焦虑是因为回应这些强烈的刺激等于消失，同时产生焦虑也是因为害怕违抗超我的命令而受到惩罚。还有第三个自我焦虑的动机，即外在现实存在着固有的约束。我们来总结一下这三种变化下自我式的焦虑：面对本我的焦虑——是怕被消灭的焦虑；面对超我的焦虑——是怕被惩罚的焦虑；而最后，面对现实的焦虑——是怕无能的焦虑。

·11·

精神分析的概念：认同

弗洛伊德的著作中贯穿着对于认同的提问，我们在这一章中想要呈现给读者的就是精神分析中对于认同的概念。

作为开始，请回忆一下在平常用语中"认同"（identification）这个词的两个词义。第一个词义为识别或鉴别，即当我们找到、碰到或者认出一个事物并进行确认之时，用这个词来表达。例如，一位油画专家去鉴别作品，就是所谓的辨认出其是否为真品。再举个例子，OVNI 这种首字母缩合而成的词汇，是为了指明我们相信看到了天上的不明飞行物（UFO）[①]。第二个词义则是与精神分析息息相关的。它与动词"identifier"[②]的自反形态一致，即所谓的"s'identifier"[③]。我们说，当主体同自己或某物

[①] "一个不能识别或鉴别的飞行物体"，法语中为 objet volant non identifié，首字母缩合就是 OVNI。——译者注
[②] identifier 鉴别、识别的动词不定式原型。——译者注
[③] 这是法语中常见的动词自反形式，s'- 是自反代词 se 的缩写，后面的是动词原型，可理解为"自己鉴别自己"、"与……同一化"。请注意：法语中，自反代动词有四个意义：a. 自反——动作反施于主语本身。b. 相互——相互意义的代动词其主语必须是复数，指动作在主语之间相互施加。c. 被动——主语一般为事物名词，句子不强调施动者，自反代词属直接宾语。d. 绝对意义——只有代动词形式，没有必要区别代词的作用。（自反代动词的四个意义摘录自张桂琴与田俊雷编著的《法语句法结构解析》"代动词"一章。）——译者注

混淆的时候,当主体对一个他者进行比较且与之变得相似或一致的时候,主体就与某人或某物同一化了。对此最生动的例子就是拟态模仿。比如变色龙这种动物,为了从捕食者口中逃脱,其外表的颜色与周围环境变得相似。它把自己和周围环境混淆,比如岩石、植物。即所谓的"与(周围环境)同一化"。我们还可以举另一个很好的例子,一种鱼聚集在岩石或者珊瑚周围,令动物学家难以发现它们。我想要强调的是,"与……同一化"是一个行为、一个动作、一个主体的主动活动,这是为了让自己同一个与之不同的他者变得相同。

那么现在,让我们回到精神分析的领域吧!认同的精神分析学概念是关于其第二个定义,基于"与……同一化"是一个对他者的运动,是一个将其消耗、吃掉甚至吞噬的需求。然而,一个人能够与某人或者某物同一化,存在着两种不同的方式。最简单的例证就是儿子使自己与父亲同一化,其可以采取两种方式。第一种是在**意识中嫉羡着**能和父亲一样,这种情况下的男孩子在7岁左右,梦想着能够变得和父亲一样强大,并且处处模仿。这也是一种发烧友的姿态,他尽力做到像自己追求的偶像那样说话、那样穿着以及留相同的发型,为的就是和偶像一样。请注意这个对偶像的认同导致了粉丝俱乐部的创办,同时引发了真实存在的社会团体的诞生,一个真正有组织的家族(追星族)的诞生,他们对于一个理想而唯一的外表产生了集体无意识认同。无论是孩子想要像父亲一样或是年轻人想要像他喜爱的歌星一样,我们将此归纳为:此乃成为这个他者之**意识中嫉羡**的在场。

还有第二种方法可做到与第三方同一化,这一进程不在意识之中。的确,对于他者,为了能与之相似且与之做比较,我们采取了相同的主动运动，但是问题在于这自发的急流是鲁莽而轻率的认同。"我想要成为他者并且我想要在他者之中，但是我并没有意识到这个愿望。"不过在精神分析的方式中，我们并不这么称呼这个强烈的愿望，而是使用"欲望"一词。更准确的是：**成为他者的无意识欲望**。也可以称呼这个无意识欲望为"无意识认同"。如果要再次举出"父亲和儿子"这个例子的话，我们可以说：儿子**无意识地**使自己和父亲同一化。在这种情况中，儿子到底和父亲的哪一部分同一化了呢？能够同化，就是说从父亲两个不同的方面来归并：儿子可能首先通过**看到的行为方式**与父亲同一化——使用父亲的步态、效仿父亲的手势、成年之后选择去做父亲从事的职业。在这些例子中，儿子像父亲那样，并未刻意探求，也没有意识。我们说这就是无意识地同化为**看到的父亲的行为方式**。这和有意识的模仿相差甚远，尽管无意识的认同结果与有意识的模仿非常类似。

然而，主体可能仍在不知道的情况下，对这样或那样的外界的特征或看到的他者进行同一化——不仅限于此，更是把情感、感觉、情绪、欲望甚至幻想都埋葬在这个他者世界的内部。有时候，埋葬的这些情绪、欲望或者幻想都是他者不知道的。在我们的例子中，此刻的主体——儿子无意识地与这种感觉、欲望和幻想同化，而这些东西父亲自己却不知道。我想要再一次重述这个理念，因为它是精神分析概念中所说的"认同"的核心。如果诸位要求我从分析的角度给出"认同"的定义，我会说："认同"是一个主体无意识的主动运动，即所谓**一个主体的无意识欲望，这个欲望就是把他者的无意识幻想以及感觉占为己有**。这个定义可能在诸位看来表达得实在是太抽象了，然而这活力四射的内心力量造就的这场喧嚣和运动，在两个存在体之间循环，且在他们一无所知时靠近他们。例如，对于父亲曾经所犯的错或干的傻事，甚至父亲以为自己曾经犯过的错或干的傻事，儿子却无意识地与之同一化，而且这个同一化是如此的强烈，令儿子觉得自己是罪魁祸首，仿佛这个罪过是他自己犯下的。再举另一个例子，一个农民的儿子对父亲宣告，自己决定要离开农村去成为一名水手。在悲伤痛苦之中，父亲猛然想起，儿子和自己过去一样，在他年轻的时候，也曾梦想着航海并且想把自己的命运与大海联系在一起。毋庸置疑，儿子能够实现这个理想，而经过三十年的蹉跎，这位父亲却已经忘记了那旧日的欲望。

我想要总结两个要点，这可能在之前已经跟诸位讲过了。诸位已经明白，说到一个人对一个他者的认同，就等于在说爱。就这么简单！因为如果这个他者是我挑选的，我只能对这个他者同一化。或者更确切地说，我对于一个他者同一化，我要与之比较且让我与之相似，这恰好与爱一个人是相同的。"认同"这个词就是命名爱的进程。

但是认同还指明了另一个进程，它也是爱的基础，即自我形成的进程。我要最后再问一个问题从而对此解释。从我们精神现象的观点来看，我们是谁？自我是什么？我想要问，是什么构成了我们"自我"的实质？好吧，精神分析的回答是非常清晰的：那些我们强烈爱着的，或者曾经强烈爱着的以及有些已经失去的人和事物在我们身上留下的烙印，从而构成了我们。这就是说那些人和事物，我们已经与之同一化了。那么我是谁？我是活生生的记忆，是过去、现在我所爱着的以及所失去的那一切留下的活生生的记忆。认同，是它造就了我去爱，也是它，昭显了我的存在。

·12·
移情是制造冲动的行为，移情的被幻想客体是精神分析家的无意识

作为本书的总结，我现在要求诸位进入精神分析家的诊室。诸位可以观察到，患者和分析家之间的关系，从哪一点能够反映出一个冲动活动的临床表达。冲动的初级水平形成了分析关系，甚至这些冲动仅仅显露在幻想的遮掩下。从最激情四射的依恋到最开放性的敌对，分析家/患者的联系假借了**幻想**的一切特征，这些幻想通过分析对象培养了对过去经历的情感关系。这个现象叫做**移情**。这个移情是什么？移情，是非常独特的一个重复①：取代了回想起过去，分析对象在现在的治疗之中，重复它如同一个过去的经历，同时还不知道这涉及一个重复强制。患者转移了其婴幼儿期的情绪，从过去指向现在，并且从针对父母转而指向针对分析家。然而，我们应该明确地指出，这个伴随着分析家的转移联系，并非只是在当下产生情感关系和过去的欲望物之间的简单复制品。这个移情首先是在现在，制造了一次幻想行为，这现在时的幻想培养出了从前那些第一次的情感关系。应该充分理解这一点，移情并非是对于过去的具体

---

① 这里的重复正如前文中提到的，本书中所有的"重复"都特指精神分析专业词汇中"重复"的意义，它描述了复杂无意识的复现，见前文对于"重复强制"的解释。——译者注

关系的一次简单重复，而是对于一个持久的幻想的现实化。

然而，移情操作要求临床医生这一方，不仅要具备非凡的技巧和经验，更要在倾听的时候能够自动感知穿梭而来的幻想，这个活动要求坚韧而持久。精神分析家的工具不仅仅是他的"知"，更首先是他自身的无意识，他用这个调频来接收患者的无意识，这是唯一的方法。如果在俄狄浦斯情结中，石祖冲动的客体是母亲，那么我们公设在这个移情中，分析的冲动客体是精神分析家的无意识。换而言之，移情是制造冲动的行为，被幻想的客体是精神分析家的无意识。

分析家关于倾听的自由处理，允许他们不仅仅作用于其无意识，更是把其无意识贡献给患者的冲动，这解释了在治疗进程中出现的无意识产物为何交替出现在分析关系中双方的身上。识别这个变换，引导我进一步发展了《独一无意识》这篇论文。我认为并不存在"一个属于分析对象"、"另一个属于分析家"这所谓的两个无意识，在分析双方的关系中，只存在唯一的无意识。无意识的多种组态交替出现，时而出现在分析家身上，时而出现在分析对象身上，它的出现能够合理地被认为独一无意识的双重表达，而这表达的组态就是分析关系。

*

精神分析并非一个通过抽象的方式构建的封闭系统。它应该总是自我开放的，并且在探索中与时俱进。因为精神分析家要不断从实践中汲取内容，并应该永远进行教学。这样，唯一需要的是要有许多患者表露出他们的痛苦，刺激精神分析家不断回归到精神分析的基础原理,用以反刍回顾并使得这些基础原理与新的病例结合而现实化,正如我之前在这本书中所做的一切。精神分析不同于其他学科,它必须要开放,因为要不断饱受真理的考验。这个真理,正是去倾听那些遭受痛苦且叙述其痛苦的人们。

*

·13·
西格蒙德·弗洛伊德著作摘要

精神分析是一种手段、一种方法以及由此派生的理论。①

"精神分析这个名称包括以下几个方面的涵义：①精神进程的研究手段，它特别且难于理解；②神经官能症障碍的治疗方法以这个研究为依据；③通过这个方法获得的一系列心理学概念……¹"

*

认识有助于治疗，且治疗告诉我们新的东西。

"……我明白了另一件事。从治疗和研究这狭窄的联合开始，精神分析这种方式、这个认识带来的成果是，不能在没有学习新事物的前提下治疗，若不加以体验这个有益的作用，就得不到任何清晰的解释。我们分析的进程是唯一在这个可贵的

---

① 粗体字部分属于胡安-大卫·纳索教授的批注。——译者注

联合中保留下来的。²"

*

精神分析理论的内容是什么？

"我要再一次将这些理论内容的因素重新分组归类，即强调欲力的生命（情感性），强调精神的动力学，强调意义和普遍性的决定论，甚至一些从外表上理解到的精神现象——那些最晦涩的、语言符号上最随机的精神现象，还有精神冲突的学说与压抑导致的自然致病的学说，病态症状的观念①正是一个替代而来的满足，是性生活作为病原学涵义的认识，特别是那些作为开端的婴幼儿性欲。³"

*

我们示意图中的第4时段与第3时段。

"'性的欲力动势'部分呈现出一份宝贵的财产，令其改变了近因目标并且同时作为'升华'趋向而把能量交给了文明进化来支配（我们的**第4时段**）。但是另一部分却滞留在无意识

---

① 观念：在书中是 conception 一词，属于哲学词汇。在康德哲学中，存在前概念（preconception）→观念（conception）→概念（concept）的流程，前概念指空虚思想的类似物，观念指创造某物的工作，概念则确定了观念或思想的意义。——译者注

中，如同不满足的欲望动势，向满足进军，甚至有时候不惜扭曲变形（第3时段）。[4]"

*

"什么"是个替代物——替代了曾经的不是"什么"。

"（这些）症状（都是）诞生在这些情况下：推动某个行为、（推动）……已经被克制……代替了这些行为，这些行为无的放矢，于是就出现了这些症状[5]。"

*

最初或原始的压抑是基于无意识的土壤、精神表象的固着。

"我们奠定并接纳了**原初压抑**，这是压抑的第一个时段，其构成包括冲动的精神表象，原初压抑处于这样的状态——拒绝在意识中作用。伴随着它而产生了**固着**。与之相符的表象继续存在，……其存在方式恒久并且冲动依然联系着它。[6]"

*

被压抑物到达意识之后成为派生物的形态，继发的压抑是压抑把这些派生带回到原发的地方，即所谓的无意识之中。继发的压抑也可以称为"严格意义的"或者"后遗的"。①

"压抑的第二个时期是**严格意义的压抑**，涉及被压抑表象的精神派生。……严格意义上的压抑因此是后遗的压抑。⁷"

*

被压抑物是无意识的一个单独部分，无意识的另一部分是通过压抑本身构成的。

"所有的被压抑物必须滞留在无意识中，但是我们坚持要进入，被压抑物不能遮蔽所有的无意识。无意识有一个更大的延伸；被压抑物是无意识的一部分。⁸"

*

被压抑物授意我们的行为并且决定了我们情感的选择。

"所有两岁的孩子已经能够看到却不明白的那一切，都不能

---

① 后遗的：*après-coup*，弗洛伊德在谈及有关精神时间性及因果关系的概念上常用的词汇，指以前的经验、印象、记忆痕迹，后来将会依据新的经验以及因为进入另一阶段的发展而被重塑。如此一来，它们会同时被赋予一个新的意义以及一种精神效力。（请参考台湾行人出版社出版的《精神分析辞汇》第37页。）——译者注

回到他的记忆里,除了在梦中……但是在这一刻,这些后来的(事件)具有强制的巨大力量,能够凸显在主体的生活中,向他授意那些行为,决定了他的一些好感或反感,并且往往在他选择的时候决定他爱的选择,这种情况十分常见,却从理性的角度无法辩护。⁹"

*

无论是孩子还是坏蛋、淫邪之徒抑或性欲倒错之人,教会了弗洛伊德人类性欲远远超越了生殖的限制。

"时至今日……造成(对精神分析)荒谬而过分的谴责,谴责精神分析把'一切'都用性欲来解释……这关系到我们通过性欲理论所给出的广延①,这个广延迫使我们对孩子进行精神分析,并且称其为淫邪之徒,我们回复这些人:以你们的高度,抛弃对于精神分析鄙视的目光吧,则可能记起,性欲理念的延伸,更能靠近柏拉图绝妙的曼罗斯。¹⁰" ②

*

吮吸乳房的性快感以及缓解饥饿的器官性愉悦,是最

---

① 广延:extension,来自笛卡尔"第一哲学",特指物的基本属性,某物占据或表面上占据空间部分的性能。——译者注
② 爱罗斯:éros,来自希腊语,指爱神与爱。弗洛伊德用其表示"生的冲动",与之相对的是"死的冲动"塔纳托斯(tanatos)。——译者注

初期相关联的两个满足,随后,这两个满足分离开来。

"当孩子吮吸的时候,他在这个行为中已经找到并体验到了快乐,现在,这种快乐重现在记忆中。通过吮吸这种有节律的方式,一部分皮肤或黏膜令孩子获得满足……我们说孩子的嘴唇扮演了**性欲激发区域**的角色并且通过热奶流的涌入致使其兴奋,从而激发了愉悦。一开始,激发性欲区域的满足紧密地与缓解饥饿联系着(性的活动首先依赖于为维持生命而服务的功能,在这之后才会独立)。[11]"

*

男性俄狄浦斯情结在孩子的眼中表现为三个不同的形象:如一个理想被爱着、如一个情敌被恨着以及如一个性欲客体被欲求着。在最后一种情况中,男孩不仅把父亲看作性欲客体,更把自己呈现给他,像母亲一样,如同性与客体。

"小男孩和父亲的关系是……矛盾双重性的关系。在恨的一边,小男孩想要除去作为情敌的父亲,现在对他温柔的某个等级是通常的规范……另一个并发症突然出现,当……阉割的威胁使他斟酌了男性特质,增强了对男孩的钦慕,反省了女性特质的方向,致使他把自己放在替代母亲的位置并且为父亲保持作为爱的客体这一角色。[12]"

*

在女性俄狄浦斯情结中，支配的情感并非如男孩那样是对阉割情结的焦虑，而是对阴茎的嫉妒与羡慕。

"小女孩的发展则不一样。首先一上来她就已经裁决并决定了。她已经明白她没有此物并且想要拥有此物……小女孩拒绝接受阉割的事实，她顽固地确信，她拥有一个阴茎并且要求接下来的举止表现得如同一个男人。"

"阴茎嫉羡的那些心理结论……是多样的，并且有很大的跨度。[13]"

*

另一个情感支配在女性的阉割情结中，不是被阉割的焦虑，因为她已经在幻想中有了；而是失去爱人的爱情所导致的焦虑。

"……在女性的情况中，最活跃的危险情况好像是客体失去的那些情况。我们可以给出这个决定性的焦虑情况……接下来进行一下小小的改变与更替：即不涉及客体的不在场或者丧失，而是恰恰相反，涉及一部分客体的爱的丧失。[14]"

*

精神分析的本意不是移情，而是揭示移情、它的毁灭以及它的重生。

"不要相信'移情'现象是被精神分析影响造就的。'移情'自主地奠定在所有人类的关系中，就像病人和医生的关系那样；它处处传达了治疗的影响并且比起料想它近乎其微的存在，它以有力的方式发挥着作用。精神分析并没有创造它；精神分析只是揭示了它。[15]"

"精神分析治疗没有创造移情，只是揭穿了移情的面具，正如其他隐藏的一些精神现象那样……在精神分析的治疗中……所有这些趋向，甚至敌对的，都应该被分析唤醒、使用，并回到意识中；同时**不断毁坏并重新移情**。对于精神分析，移情注定成为了最大的障碍物。但是如果每次都能成功地猜中它并且成功地用它表达出病人的意义的话，它就会变成精神分析最强大的辅助。[16]"

*
* *

摘录的相关文献及出处

1. "Psychanalyse et théorie de la libido" *in Résultats, idées, problèmes, II,* PUF,1985,p.51.
2. *La Question de l'analyse profane,* Gallimard, 1985 ,p.150-151.
3. "Petit abrégé de psychanalyse" *in Résultats, idées,problème, II, op.cit.,*p.104.
4. *Ibid.,*p.115.
5. *Ibid.,*p.100.
6. " Le refoulement", *in Métapsychologie,* Gallimard, 1968,p.48.
7. *Ibid.,*p.48-49.
8. " L'inconscient", *in Métapsychologie, op.cit.,*p.65.
9. *Moïse et le monothéisme,* Gallimard, 1948, p.169-170.
10. *Trois essais sur la théorie sexuelle,* Gallimard, 1987, p.32-33.
11. *Ibid.,*p.105.
12. "Dostoïevski et le parricide", *in Résultats, idées, problème, II, op.cit.,* p.168.
13. "Différence anatomique entre les sexes, *in La Vie sexuelle,* PUF, 1969,p.127.
14. *Inhibition, symptôme et angoisse,* PUF,1965,p.68.
15. *Cinq leçons sur la psychanalyse,* Payot,1987,p.61-62.
16. *Cinq psychanalyses,* PUF, 1954,p.87-88.

·14·
弗洛伊德生平传略

1856年5月6日 西格蒙德·弗洛伊德诞生于摩拉维亚的弗莱堡市的一个犹太商人家庭。他有两个同父异母的哥哥,他出生时一位哥哥20岁,另一位24岁,是他父亲的第一任妻子所生。这两个哥哥几乎与弗洛伊德的母亲同岁。

1860年 全家居住在维也纳。

1873年 进入大学并且认识到反犹太主义。阅读了歌德的著作,接触了布伦塔诺教授的哲学课(奠定意识概念的理论家)。

1876年 进入布吕克的实验室,研究鳗鱼的神经系统。

1878年 结识了布罗伊尔。学习神经精神病学。

1885年 居于巴黎。

1886年 获得奖学金,在沙可门下学习催眠。

1886年 在维也纳开诊所。翻译了沙可的《星期二讲义》。

学习婴幼儿的神经精神病学。

与玛莎·博莱斯结婚。

1887年 结识了弗利斯。

实施催眠。

居于法国南锡,在伯恩海姆处学习、工作。

1890年 在病人身上实施心理宣泄法。

1891年 将自己的诊所安置在维也纳的伯格巷。在这里居住了近 50 年，直到最后才前往伦敦。

1893 年　同布罗伊尔共同草拟了《歇斯底里症的研究》。这本著作对运动器官性麻痹与歇斯底里运动麻痹做了比较，阐述了他们考虑的一些观点，**发掘了压抑和自我防御的概念**。

1984 年　同布罗伊尔决裂。**发掘了移情的概念**。

1895 年　起草了《科学心理学大纲》。

第五个孩子出生，她就是安娜·弗洛伊德，日后成为著名的儿童精神分析家。

1896—1907 年　爱上了旅行，经常在暑期去意大利度假。

1896 年　第一次使用了"精神分析"（psychanalyse）这个词。同年其父亲逝世。

1897 年　发掘出"俄狄浦斯情结"。开始做自我分析。起草了《梦的释义》。这是将精神装置作为一个反射装置来描述的第一个理论。

1900 年　分析了年轻的歇斯底里患者朵拉[①]。

1902 年　门徒斯特克尔开始进行临床实践精神分析。

1903 年　建立了第一个精神分析师小组，"星期三心理研究小组"。**发掘出冲动的第一个理论：性冲动和自我冲动**。

1904 年　在希腊旅游。探索雅典古城遗迹。

1905 年　与荣格相识。**发掘出婴幼儿性欲的发展期**。出版了《三篇论文：性欲理论，精神的话语，无意识与其之间的关系》。

---

① 原文朵拉为 Dora，这是弗洛伊德相关文献中十分重要且有代表性质的一例病案。——译者注

1908 年　结识了桑德尔·费伦齐和欧内斯特·琼斯。在萨尔斯堡召开了第一次精神分析的国际会议。**发掘出阉割情结**。

1909 年　同荣格和费伦齐一同访美。在克拉克大学针对精神分析的介绍召开了五次会议（《精神分析五讲》）。

1911 年　因为研究偏执型精神病从而发掘出纳西索斯（恋己癖）的概念。

1913 年　和荣格决裂。

1920 年　在柏林建立综合门诊，创办《国际精神分析杂志》。**阐述精神装置的第二个理论诞生：本我、它我和超我。第二个阐述冲动的理论也诞生：生的冲动、死的冲动。**出版了《超越快乐原则》。**发掘出强迫重复概念**。

1923 年　建立了石祖（Phallus）的概念。被诊断为颌骨癌并接受了第一次手术。同年最爱的小儿子海因茨逝世。**重要的是，它我的概念正如一个最非人称的领域，且是对于自我最陌生的领域。**

1926 年　出版了《抑制、症状和焦虑》一书。

同年建立了"巴黎精神分析研究小组"。

1929 年　同费伦齐决裂。

1931 年　颌骨癌病情恶化。

1936 年　80 岁，庆祝金婚 50 年。

1938 年　德奥合并①：美国总统罗斯福与意大利元首墨索尼里均为弗洛伊德说情。弗洛伊德终于流亡伦敦，陪伴他的有妻子和女儿安娜。弗洛伊德直到生命最后都一直接诊病人并撰写了

---

① 希特勒的大德意志扩张计划。——译者注

最后两本著作:《精神分析纲要》和《摩西和一神论》。

1939 年 9 月 23 日　西格蒙德·弗洛伊德逝世,享年 83 岁。

1951 年　玛莎·弗洛伊德逝世。

万千心理 心理咨询与治疗图书目录

代号	书目	著、译者	定价(元)
	心理咨询与治疗导论		
X1160	101个心理治疗难题	J. S. Blackman著 赵丞智 曹晓鸥译	88.00
X1158	聚焦：在心理治疗中的运用	A. W. Cornell著 吉莉译	48.00
X1157	沙盘游戏疗法手册	B. A. Turner著 陈莹 姚晓东译	88.00
X1140	沙游在心理治疗中的作用	Dora M. Kalff著 高璇译	38.00
X1092	心理治疗中的改变	波士顿变化过程研究小组编著 邢晓春等译 李孟潮审校	42.00
X1206	母婴互动及成人心理治疗中的主体间形式	Beatrice Beebe等著 庞美云 宓肖燕译	36.00
X1137	心理治疗中的首次访谈	S. Lukas著 邵啸译	30.00
X1126	心理咨询面谈技术（第四版）	Rita Sommers F.等著 陈祉妍等译	80.00
X999	主体间性心理治疗	P. Buirski等著 尹肖霞译	35.00
X1121	心理治疗实战录	M. F. Basch著 寿彤军 薛畅译	45.00
X1027	心理治疗师该说和不该说的话	L.N.Edelstein等著 聂晶等译	50.00
X1011	自体心理学的理论与实践	M. T. White等著 吉莉译	32.00
X930	沙游治疗	B. L. Boik等著 田宝伟等译	38.00
X720	心理咨询师的问诊策略（第六版）	S. Cormier等著 张建新等译	78.00
X808	心理咨询与治疗经典案例（第七版）	Corey, G.著 谭晨译	36.00

编号	书名	作者/译者	价格
X830	心理咨询与治疗的理论及实践（第八版）	Corey, G.著　谭晨译	45.00
X705	精神科临床诊断	Morrison J.著　李欢欢　石川译	32.00
	心理咨询与治疗导论合计		841.00
	心理问题专题		
X1034	幻觉——治疗和应对手册	F. Larri等著　李虹等译	55.00
	心理问题专题合计		55.00
	心理治疗精选读物		
X1130	罗杰斯心理治疗（软精装）	B.A. Farber等著　郑刚等译	78.00
X1131	日益亲近（精装）	Irvin D. Yalom著　童慧琦译	58.00
X1132	直视骄阳（精装）	Irvin D. Yalom著　张亚译	48.00
X1133	给心理治疗师的礼物（精装）	Irvin D. Yalom著　张怡玲译	58.00
X1129	寻求安全——创伤后应激障碍和物质滥用治疗手册	L. M.Najavits著　童慧琦等译	66.00
X1123	爱·恨与修复	M. Klein等著　吴艳茹译	18.00
X1182	嫉羡与感恩	M. Klein著　姚峰等译	60.00
X1120	心理治疗中的依恋	D. J. Wallin著　巴彤等译	70.00
X969	我穿越疯狂的旅程	E. R. Saks等著　李慧君等译	40.00
X1050	熙珥叙语：一个咨询师的成长历程	吴熙珥著	18.00
X1067	心理大师揭秘最古怪案例	J. A. Kottler等著　张弘等译	45.00
X1008	心理咨询师的部落传说	徐钧著	28.00
X849	日常生活的心理治疗	Ole Dreier著　冯墨女译	45.00
X902	心理治疗师之路（第四版）	Jeffrey A. Kottler著　林石南等译	48.00
X866	打破心理治疗师心中的禁忌	K.S. Pope等　宫学萍译	26.00

编号	书名	作者/译者	价格
X862	我的情绪我做主	David W. McMillan著　聂晶等译	35.00
X889	中日灾后心理援助案例集	陶新华　吴薇莉主编	32.00
X872	聚焦取向的心理治疗	Campbell Purton著　罗希译	28.00
心理治疗精选读物合计			**801.00**
认知行为治疗专题			
X1199	行为矫正（第五版）	R. G. Miltenberger著　石林等译	80.00
X1098	儿童与青少年认知与行为疗法	E. Szigethy等主编　王建平等译　傅宏审校	78.00
X1180	认知疗法：基础与应用（第二版）	Judith S. Beck著　王建平等译校	58.00
X1181	认知疗法：进阶与挑战	Judith S. Beck著　王建平等译校	56.00
X1197	情绪障碍跨诊断治疗的统一方案——自助手册	Barlow等著　王建平等译校	35.00
X1198	情绪障碍跨诊断治疗的统一方案——治疗师指南	Barlow等著　王建平等译校	30.00
X993	边缘性人格障碍的移情焦点治疗	J. F. Clarkin等著　许维素译　李孟潮审校	52.00
X925	认知行为疗法	D. R. Ledley等著　王辰怡等译　王建平审校	38.00
认知行为治疗专题合计			**427.00**
精神分析专题			
X1136	精神分析案例解析（精装）	N. McWilliams主编　钟慧等译　李鸣审校	78.00
X1095	精神分析治疗（精装）	N. McWilliams著　曹晓鸥等译　张黎黎审校	88.00
X1148	精神分析诊断（精装）	N. McWilliams主编　鲁小华等译　李鸣审校	98.00
X1167	俄狄浦斯情结	J. -D. Nasio著　张源译	25.00
X1221	小猪猪的故事——一个小女孩的精神分析治疗过程记录	唐纳德·温尼科特著　赵丞智译	36.00
X1200	心理动力学个案概念化	D. L. Cabaniss等著　孙玲等译	58.00
X1226	思想等待思想者	Joan等著　苏晓波译	42.00

编号	书名	作者/译者	价格
X1222	精神分析与中国人的心理世界	C. Bollas著　李明译	36.00
X1135	精神分析导论（第二版）	J. Milton等著　余萍 周娟等译	50.00
X945	心理动力学疗法	Deborah L. Cabaniss等著　徐玥译	58.00
X992	短程心理治疗	A. Coren著　张微等译	28.00
X880	督导关系	M. G. F-O'Dea等著　李芃等译	35.00
X915	弗洛伊德与安娜·O——重温精神分析的第一个案例	Richard A. Skues著　孙铃等译	28.00
X771	病人与精神分析师	J. Sandler等著　施琪嘉等译	28.00
X943	投射性认同与内射性认同	J. Savege Scharff著　闻锦玉等译	38.00
X863	重寻客体与重建自体	David E. Scharff著　张荣华等译	38.00
X874	精神分析的伴侣治疗	David E. Scharff等著　徐建琴等译	42.00
精神分析专题合计			**806.00**
团体治疗专题			
X868	集中·封闭·大型团体咨询	刘伟著	36.00
X739	团体心理治疗（第五版）	Irvin Yalom等著　李敏 李鸣译	62.00
X676	身心灵全人健康模式	陈丽云 樊富珉 梁佩如等编著	40.00
团体治疗专题合计			**138.00**
婚姻与家庭治疗专题			
X1161	妈妈的心灵课	D. W. Winnicott著　魏晨曦译　赵丞智审校	52.00
X1007	重建信任——爱情与背叛的心理学	J. Amodeo著　夏天 冯迦宁译	28.00
X922	家庭治疗技术（第二版）	J. Patterson等著　王雨吟译	42.00
X994	如何做家庭治疗	R. Taibbi著　黄峥等译	40.00
X687	萨提亚冥想——内在和谐、人际和睦与世界和平	约翰·贝曼著　钟谷兰译	16.00

编号	书名	作者/译者	价格
X716	萨提亚转化式系统治疗	约翰·贝曼著　钟古兰等译	18.00
X579	婚姻与家庭治疗案例	Larry B. Golden著　吴波译	30.00
婚姻与家庭治疗专题合计			**226.00**
格式塔治疗专题			
X1162	格式塔咨询与治疗技术（第三版）	P. Joyce等著 叶红萍等译　李鸣审校	78.00
格式塔治疗专题合计			**78.00**
沟通分析专题			
X1163	人生脚本：说完你好，说什么？	E. Berne著　周司丽译	78.00
X1064	人间游戏——人际关系心理学	Eric Berne著　刘玎译	36.00
X1035	沟通分析的理论与实务	Thomas A. Harris著　林丹华等译	32.00
沟通分析专题合计			**146.00**
抑郁症专题			
X1029	抑郁和焦虑障碍的治疗计划与干预方法	R. L. Leahy等著　赵丞智等译	78.00
X1128	战胜抑郁的十二堂课	T. Rosenvald等著　崔丽霞等译	20.00
X1003	走出抑郁（第二版）	R. O'Conner著　张荣华译	45.00
X748	狗狗助你摆脱抑郁	Bruce Goldstein著　高景行等译	38.00
X486	抑郁情绪调节手册 ——十天改善你的自尊	David D. Burns著 汤臻等译　李鸣审校	38.00
X653	我抑郁？（绘本）	四四绘著	19.80
抑郁症专题合计			**238.80**
催眠专题			
X1147	临床催眠实用教程（第四版）	Y. D. Yapko著　高隽译　方新审校	88.00
X1237	催眠疗法	M. H. Erickson等著　于收译	88.00

编号	书名	作者/译者	价格
X1139	催眠实务	M. H. Erickson等著 于收译	68.00
X1138	体验催眠	M. H. Erickson等著 于收译	58.00
X649	催眠入门	Willian w. Hewitt著 方新译	18.00
催眠专题合计			33.00

自闭症专题

编号	书名	作者/译者	价格
X1297	与自闭症儿童一起做游戏	Julia Moor著 昝飞译	45.00
X1296	给自闭症儿童父母的101个建议	A. Miller等著 柴田田译	32.00
X1298	自闭症儿童社会规则训练	O'Toole等著 倪萍萍译	46.00
X989	自闭症儿童社交游戏训练	B. Ingersoll等著 郑铮译	25.00
自闭症专题合计			148.00

强迫症专题

编号	书名	作者/译者	价格
X717	走出强迫症	东振明著	36.00
X625	脑锁——如何摆脱强迫症	J. M. Schwartz等著 谢际春等译	30.00
强迫症专题合计			66.00

艺术治疗专题

编号	书名	作者/译者	价格
X1086	老年痴呆症的音乐治疗	David Aldridge主编 高天等译	36.00
X964	即兴演奏式音乐治疗方法	Tony Wigram著 高天译	32.00
X981	绘画心理治疗	L. B. Moschini著 陈侃译	50.00
X877	接受式音乐治疗方法	高天著	38.00
X823	风景构成法	皆藤章著 吉沅洪等译	38.00

……

欲了解更多图书信息，请登录：www.wqedu.com
联系地址：北京市朝内大街188号D座902室 万千心理（邮编：100010）
咨询电话：400-698-1619，010-65125990 传真：010-65262733

*本目录定价如有错误或变动，以实际出书为准。